Mathematisch=Physikalische Bibliothek

Unter Mitwirkung von Fachgenossen herausgegeben von
Oberstud.-Dir. Dr. W. Lietzmann und Oberstudienrat Dr. A. Witting
Fast alle Bändchen enthalten zahlreiche Figuren. kl. 8.

Die Sammlung, die in einzeln käuflichen Bändchen in zwangloser Folge herausgegeben wird, bezweckt, allen denen, die Interesse an den mathematisch-physikalischen Wissenschaften haben, es in angenehmer Form zu ermöglichen, sich über das gemeinhin in den Schulen Gebotene hinaus zu belehren. Die Bändchen geben also teils eine Vertiefung solcher elementarer Probleme, die allgemeinere kulturelle Bedeutung oder besonderes wissenschaftliches Gewicht haben, teils sollen sie Dinge behandeln, die den Leser, ohne zu große Anforderungen an seine Kenntnisse zu stellen, in neue Gebiete der Mathematik und Physik einführen.

Bisher sind erschienen: (1912/27):

Der Gegenstand der Mathematik im Lichte ihrer Entwicklung. Von H. Wieleitner. (Bd. 50.)
Beispiele z. Geschichte d. Mathematik. Von A. Witting u. M. Gebhardt. 2. Aufl. (Bd. 15.)
Ziffern und Ziffernsysteme. Von E. Löffler. 2., neubearb. Aufl. I: Die Zahlzeichen d. alt. Kulturvölker. II: Die Zahlzeichen im Mittelalter u. i. d. Neuzeit. (Bd. 1 u. 34.)
Der Begriff der Zahl in seiner logischen und historischen Entwicklung. Von H. Wieleitner. 2., durchges. Aufl. (Bd. 2.)
Wie man einstens rechnete. Von E. Fettweis. (Bd. 49.)
Archimedes. Von A. Czwalina. (Bd. 64.)
Die 7 Rechnungsarten mit allgemeinen Zahlen. Von H. Wieleitner. 2. Aufl. (Bd. 7.)
Abgekürzte Rechnung. Nebst einer Einführung in die Rechnung mit Logarithmen. Von A. Witting. (Bd. 47.)
Interpolationsrechnung. Von B. Heyne. [In Vorber. 1927.]
Wahrscheinlichkeitsrechnung. Von O. Meißner. 2. Auflage. I: Grundlehren. II: Anwendungen. (Bd. 4 u. 33.)
Korrelationsrechnung. Von F. Baur. [U. d. Pr. 1927.]
Die Determinanten. Von L. Peters. (Bd. 65.)
Mengenlehre. Von K. Grelling. (Bd. 58.)
Einführung in die Infinitesimalrechnung. Von A. Witting. 2. Aufl. I: Die Differentialrechnung. II: Die Integralrechnung. (Bd. 9 u. 41.)
Gewöhnliche Differentialgleichungen. Von K. Fladt. (Bd. 72.)
Unendliche Reihen. Von K. Fladt. (Bd. 61.)
Kreisevolventen und ganze algebraische Funktionen. Von H. Onnen. (Bd. 51.)
Konforme Abbildungen. Von E. Wicke. [U. d. Pr. 1927.]
Vektoranalysis. Von L. Peters. (Bd. 57.)
Ebene Geometrie. Von B. Kerst. (Bd. 10.)
Der pythagoreische Lehrsatz mit einem Ausblick auf das Fermatsche Problem. Von W. Lietzmann. 3. Aufl. (Bd. 3.)
Der Goldene Schnitt. Von H. E. Timerding. 2. Aufl. (Bd. 32.)
Einführung in die Trigonometrie. Von A. Witting. (Bd. 43.)
Sphärische Trigonometrie. Kugelgeometrie in konstruktiver Behandlung. Von L. Balser. (Bd. 69.)
Methoden zur Lösung geometrischer Aufgaben. Von B. Kerst. 2. Aufl. (Bd. 26.)
Nichteuklidische Geometrie in der Kugelebene. Von W. Dieck. (Bd. 31.)
Einführung in die darstellende Geometrie. Von W. Kramer. I. Teil: Senkr. Projektion auf eine Tafel. (Bd. 66.) II. Teil: Grund- und Aufrißverfahren. Allgemeine Parallelprojektion. Perspektive. [U. d. Pr. 1927.] (Bd. 67.)

Fortsetzung siehe 3. Umschlagseite

Verlag von B. G. Teubner in Leipzig und Berlin

MATHEMATISCH-PHYSIKALISCHE
BIBLIOTHEK
HERAUSGEGEBEN VON **W. LIETZMANN** UND **A. WITTING**
═══════ 70 ═══════

GRUNDZÜGE DER METEOROLOGIE

VON

D**R**. WILLI KÖNIG
LEITER DER WETTERDIENSTSTELLE BERLIN

1927
Springer Fachmedien Wiesbaden GmbH

ISBN 978-3-663-15366-5   ISBN 978-3-663-15937-7 (eBook)
DOI 10.1007/978-3-663-15937-7

VORWORT

Wenn die Zahl der Einführungen in die Meteorologie hiermit um eine vermehrt wird, so geschieht es auf Veranlassung des Verlages, der in seine mathematisch-physikalische Bibliothek auch eine Darstellung der Meteorologie vereint mit einer kurzen Beschreibung der Instrumente und des meteorologischen Beobachtungswesens aufnehmen wollte. Da neue Gesichtspunkte zur Lösung dieser Aufgabe kaum gefunden werden können, kam es im wesentlichen darauf an, eine knappe Übersicht über die Gesamtmeteorologie mit einem Auszug aus den von den Meteorologischen Zentralanstalten für ihre Stationsnetze herausgegebenen Anleitungen zum Beobachten zu vereinigen. Die Hauptschwierigkeit bei der Abfassung lag deshalb in erster Linie darin, in dem eng begrenzten Rahmen, der für die Bändchen der Sammlung einmal gegeben ist, das Wesentlichste aus der Fülle des Stoffes darzubieten. Wenn das gelungen sein sollte, so wird das Büchlein hoffentlich imstande sein, dem Leser einen ersten Begriff von unserer Wissenschaft zu geben, vielleicht auch manchen zum zweckmäßigen Beobachten der Witterungserscheinungen anleiten. Ein Verzeichnis der wichtigsten Bücher, welche für eingehendere Beschäftigung mit dem Gegenstand in Frage kommen, findet sich am Schluß des Heftchens, dagegen mußte, ebenfalls des Raumes wegen, im Text von allen Quellenangaben abgesehen werden.

Berlin, im April 1927.

Willi König.

I. BEGRIFF UND EINTEILUNG DER METEOROLOGIE

Die Meteorologie ist die Lehre vom Luftmeer. Leider läßt der Name das nicht erkennen, viel bezeichnender wäre vielmehr ein Ausdruck wie Atmosphärenkunde, aber alle neuzeitlichen Sprachen haben für diesen Zweig der Naturwissenschaften das Wort Meteorologie beibehalten, das bereits aus dem griechischen Altertum stammt. Wegen der großen Bedeutung des Wetters für so viele Gebiete der Betätigung haben nämlich die Vorgänge im Luftmeer von altersher den denkenden Menschen beschäftigt, doch ist daraus erst in den letzten hundert Jahren eine eigentliche Wissenschaft entstanden.

In dieser ist es nunmehr zu einer Dreiteilung des Gesamtgebietes gekommen. Ihr einer Sonderzweig, die *Klimatologie,* faßt die Gesamtheit der Witterungsvorgänge zusammen und stellt ihren durchschnittlichen Verlauf fest. Für möglichst zahlreiche Punkte der Erde leitet sie aus der Summe der Beobachtungen Durchschnittswerte ab und vervollständigt dieses Klimabild durch Art und Größe der Abweichungen von diesen Normalwerten. Damit ist der vorwiegend geographisch-statistische Charakter der Klimakunde gegeben; ein ganz neuer Zweig der Klimatologie pflegt jedoch besonders das Studium der atmosphärischen Einflüsse auf Menschen, Tiere und Pflanzen.

Der Klimatologie gegenüber steht die *Witterungskunde,* welche den *Einzel*zustand zu verstehen und erklären trachtet. Ihre Hauptaufgabe ist, die Ursachen aufzufinden, aus denen der jeweilige Zustand des Wetters entsteht und vom Normalverhalten abweicht; dazu gehört vor allem, die Entwicklung einer Wetterlage aus der vorangegangenen zu ergründen.

Der dritte Zweig der Gesamtmeteorologie endlich beschäftigt sich mit der Herleitung allgemeiner Gesetzmäßigkeiten in den Vorgängen des Luftmeeres; er wird deshalb gewöhnlich kurz *„allgemeine Meteorologie"* benannt. Da es sich zumeist um die Anwendung physikalischer Gesetze auf die Erscheinungen des Luftmeeres handelt, spricht man auch passend von einer „Physik der Atmosphäre". Diese bildet die Grundlage zum Verständnis der Witterungskunde wie der klimatologischen Zusammenhänge; sie muß deshalb den Hauptinhalt dieses Büchleins ausmachen.

II. ALLGEMEINE EIGENSCHAFTEN DER ATMOSPHÄRE.

1. Zusammensetzung, Höhe und Gestalt der Atmosphäre.

Die Lufthülle der Erde besteht aus einem Gasgemenge, welches sich aus 78 Volumprozenten Stickstoff, 21% Sauerstoff und 1% anderen Gasen zusammensetzt. Die Beimengung von Wasserdampf ist eine so wechselnde, daß ihm eine ganz besondere Stellung zukommt, die uns ausführlich beschäftigen wird. Dagegen wird die Zusammensetzung der Luft aus den vorgenannten Hauptbestandteilen stets als die gleiche gefunden, so daß für alle Witterungsvorgänge die Luft als ein unveränderliches einheitliches Gas betrachtet werden kann.

Über die Höhe der Atmosphäre wissen wir nur, daß nach dem Auftreten von Dämmerungserscheinungen, Nordlichtern, Sternschnuppen und Meteoren, deren Höhe bis zu 300 bis 500 km bestimmt wurde, noch in diesem Abstand von der Erdoberfläche von einer Atmosphäre winzigster Dichte gesprochen werden kann, die am Zustandekommen jener Erscheinungen beteiligt sein muß. Für rein meteorologische Vorgänge haben diese Höhen indessen höchstwahrscheinlich keine Bedeutung mehr; denn wegen der schnellen Abnahme der Luftdichte nach oben hin machen die untersten 16 km bereits 9 Zehntel, die untersten 30 km 99 Hundertstel der Gesamtmasse der Atmosphäre aus. Namentlich spielen sich die das Wetter erzeugenden Vorgänge größtenteils in den untersten 10 bis 12 km ab.

Die Atmosphäre nimmt bis in große Höhen hinauf an der täglichen Umdrehung der festen Erdkugel mit teil; denn wenn das nicht der Fall wäre, müßten wir ständig den Bewegungsunterschied zwischen beiden als starken Oststurm verspüren. Wegen dieser Rotation um die Erdachse haben wir uns die Gestalt der Gesamtatmosphäre als die eines Rotationsellipsoides vorzustellen, welches wesentlich stärker als die Erdkugel an den Polen abgeplattet ist.

Allgemeine Eigenschaften der Atmosphäre

2. Der Luftdruck. Wie jeder andere Körper auf der Erde wird die Luft von der Schwerkraft der Erde angezogen, hat also ein Gewicht und übt auf ihre Unterlage einen Druck aus. Am Meeresspiegel entspricht dieser Druck unter mittleren Verhältnissen dem Druck einer Quecksilbersäule von 760 mm Höhe, was gleichbedeutend ist mit dem Druck von 1033 g auf 1 qcm.

Erhebt man sich in der Atmosphäre in die Höhe, so muß man Abnahme des Luftdruckes beobachten, da man einen Teil der den Druck ausübenden Luftmassen unter sich läßt. Wäre nun die Luft nicht zusammendrückbar, so würde die Druckabnahme mit der Höhe beim Emporsteigen um gleichhohe Stufen immer den gleichen Betrag ausmachen, nämlich das unter dieser Annahme in jeder Höhenstufe gleichgroße Gewicht der in ihr enthaltenen Luftmenge. Da in Wirklichkeit die Luft zusammendrückbar ist und in jedem Niveau durch das Gewicht der darüber befindlichen Atmosphärenschichten so weit verdichtet wird, bis ihre elastische Spannkraft dem auf ihr lastenden Druck das Gleichgewicht hält, so werden Dichte und Gewicht gleichhoher Luftsäulen nach oben hin immer geringer. Die Druckabnahme mit der Höhe erfolgt mithin zunächst schnell, dann langsamer. Das Gesetz dieser Abnahme hat man schon frühzeitig erkannt und in die sog. barometrische Höhenformel gekleidet, welche in einfachster Form lautet

$$H = 18400 \, (\text{Log } B - \text{Log } b).$$

Darin bedeutet H in Metern den Höhenunterschied zwischen zwei beobachteten Luftdruckwerten, von denen B der größere, also der untere, b der kleinere, obere ist, mit Log wird hier der Briggsche Logarithmus bezeichnet. Barometrische Höhenstufe hat man den Höhenunterschied genannt, der zu einer Luftdruckabnahme von 1 mm gehört und nach dem vorher Gesagten nach oben hin immer größer wird. Ihr Wert berechnet sich in runden Zahlen im Meeresniveau zu 11, in 5000 m Höhe zu 20, und in 10000 m zu 38 m.

Die einfachste Form der barometrischen Höhenformel bedarf nun für den praktischen Gebrauch mehrerer Korrektionen, von denen hier nur die wichtigste besprochen sei. Da Luftdichte und Gewicht einer Luftsäule von gegebener Höhe sich mit der Temperatur der Luft nicht unwesentlich ändern, muß die Lufttemperatur in der Druckabnahme mit der Höhe eine meist nicht zu vernachlässigende Rolle spielen. Unter Berücksichtigung des Temperatureinflusses nimmt die barometrische Höhenformel die Gestalt an

$$H = 18400 \,(1 + \alpha t_m)\,(\text{Log } B - \text{Log } b),$$

worin α den Ausdehnungskoeffizienten der Gase $= \frac{1}{273}$ und t_m die Mitteltemperatur der Luftsäule in ^{0} C bedeutet. Diese Formel, die allgemeine und, abgesehen von Korrektionen anderer Art, strenge Gültigkeit besitzt, gibt uns ein Hilfsmittel an die Hand, aus Luftdruckbeobachtungen von zwei Punkten deren Höhenunterschied zu berechnen, und wird zu diesem Zwecke in ausgiebigstem Maße benutzt, bei der Ermittelung der Höhe von Luftfahrzeugen sogar fast ausschließlich.

III. DIE LUFTTEMPERATUR

1. Die Sonnenstrahlung als Energiequelle der Atmosphäre. Wie sich rechnerisch nachweisen läßt, kommt als einzige wirksame Energiequelle für die Erdatmosphäre nur die Strahlung der Sonne in Betracht, während Strahlung von Mond und Sternen sowie auch der stets aus dem Erdinnern nach außen fließende Wärmestrom jener gegenüber so geringfügig sind, daß sie vollständig vernachlässigt werden können. Die von der Sonne zugestrahlte Wärmemenge ist nicht einfach zu bestimmen, da wir die Messungen erst nach dem Durchgang der Strahlen durch einen beträchtlichen Teil der Atmosphäre vornehmen können, wobei schon mannigfache Änderungen erfolgt sind. Trotzdem darf man jetzt 2 g-Kalorien pro Minute als gesicherten Wert der „Solarkonstante" ansetzen, wenn man unter diesem Ausdruck die Wärmemenge versteht, die bei senkrechtem Auftreffen der Strahlen an der oberen Grenze der Atmosphäre einem qcm in der Minute zugestrahlt wird. Übrigens haben genaue Messungen dieser Größe Schwankungen ihres Wertes um mehrere Prozent ergeben, so daß der Ausdruck Solar-„konstante" nicht mehr ganz zutreffend ist. Im Laufe eines Jahres würde von der der Erde zugestrahlten Wärmemenge ein Eismantel von 36 m Dicke geschmolzen werden können.

Messungen der Sonnenstrahlung bei verschiedener Schichtdicke der Atmosphäre lehren, daß beim Durchgang durch die

Atmosphäre beträchtliche Mengen der an der äußeren Begrenzung der Atmosphäre ankommenden Energie verschwinden. Man darf indessen nicht glauben, daß die verschwundene Energie ohne weiteres in Form der Luftwärme wieder zu finden sei. Nur ein verhältnismäßig kleiner Teil (etwa 20%) der an der oberen Atmosphärengrenze anlangenden Sonnenstrahlung wird nämlich beim Durchgang durch die Atmosphäre sogleich absorbiert, wobei der Wasserdampfgehalt der Atmosphäre die wichtigste Rolle spielt. Der direkten Absorption unterliegen vornehmlich langwellige Strahlen. Während dieser geringe Teil der Sonnenstrahlung der Temperatur der Luft direkt zugute kommt, geschieht die Einwirkung im übrigen erst durch Vermittlung der Unterlage der Luft, also der Erdkruste.

Bevor wir indessen diesen Vorgang näher verfolgen, wollen wir uns noch über den Verbleib des größeren Teiles der Sonnenstrahlung Rechenschaft geben. Von ihm geht die Hälfte der Erde dadurch ganz verloren, daß sie diffus oder an Wolken reflektiert und in den Weltenraum zurückgeworfen wird. Die andere Hälfte kommt entweder direkt oder infolge Zerstreuung, welcher namentlich die kurzwelligen Strahlen unterliegen, auf Umwegen zur Erdoberfläche. Das diffuse Tageslicht, welches auch dort zu sehen gestattet, wo die Sonnenstrahlen nicht direkt hintreffen, ist derartig zerstreutes Licht, doch hat diese Himmelsstrahlung, wie man sie im Gegensatz zur direkten Sonnenstrahlung bezeichnet, auch im Wärmehaushalt der Erde große Bedeutung. Jedenfalls ist der gesamte ohne Einwirkung auf die Lufttemperatur zur Erdoberfläche gelangende Teil der Sonnenstrahlung etwa doppelt so hoch zu veranschlagen, als der in der Atmosphäre direkt absorbierte.

2. Die Strahlung der Atmosphäre. Auch die Atmosphäre sendet ihrer Temperatur entsprechend eine (langwellige) Strahlung aus, welche der Erdoberfläche als die sog. Gegenstrahlung zufließt. Dieser Effekt äußert sich darin, daß man die Wärmeausstrahlung der Erde gegen den Weltenraum viel geringer findet, als sie nach der Temperatur der Erde und der des Weltenraumes sein müßte. Wie die Physik lehrt, besteht zwischen der Temperatur eines strahlenden Körpers und der Wellenlänge des Energiemaximums seiner Strahlung eine derartige Beziehung, daß mit sinkender Temperatur der höchste Wert der Strahlungsenergie sich auf größere Wellenlängen verschiebt. So wird die kurzwellige Strahlung, die zunächst die Atmosphäre ohne Temperaturbeeinflussung durchsetzt und nur die Erdkruste erwärmt hat, von dieser entsprechend ihrer niedrigeren Temperatur als langwellige Ausstrahlung wieder abgegeben. Da nun die Atmosphäre zur Absorption der *langen* Wellen imstande ist, fängt sie einen Teil der Ausstrahlung auf, verwendet ihn, wie den direkt absorbierten Teil der Sonnenstrahlung zur Temperaturerhöhung und kann die so gewonnene Energiemenge auch wieder teilweise zur Erde zurückstrahlen. Auf diese Weise übt sie für die Erde einen außerordentlich ins Gewicht fallenden Wärmeschutz aus, der wegen ähnlicher Eigenschaften des Glases treffend mit der Wirkung eines Glashauses verglichen worden ist.

3. Entstehung der Lufttemperatur. Das Verhältnis von absorbierter und abgegebener Strahlungsenergie ist der eine maßgebende Faktor für die Lufttemperatur. Zu ihm treten folgende wichtige Vorgänge hinzu. Nur eine ganz dünne Luftschicht, welche mit der Erdoberfläche unmittelbar in Berührung ist, wird durch Wärme*leitung* beeinflußt. Dadurch werden im Falle der Erwärmung sofort Bewegungen in der Luft eingeleitet; denn die erwärmten Luftteilchen werden spezifisch leichter und steigen wie ein Luftballon nach oben. Da zum Ersatz für sie von oben her andere, kältere und schwerere Massen herabsinken, entsteht ein Spiel auf- und absteigender Luftströme oder, weil es sich um kleine Dimensionen handelt, besser gesagt Luftfäden. Für diesen Vorgang hat man den Ausdruck Konvektion geprägt. Die aufsteigende Luft behält freilich ihre Temperatur nicht bei, sondern kühlt sich wegen der Ausdehnung infolge der Druckverminderung beim Emporsteigen ab. Ihr Auftrieb hört daher auf, sobald ihre Temperatur derjenigen ihrer Umgebung gleich geworden ist. In unseren Breiten erreichen die Konvektionsströme selbst an heiteren Sommertagen nur eine Höhe von rund 1 km, in den Tropen von etwa 4 km.

Von sehr großer Bedeutung für die Temperaturverhältnisse ist endlich die Durchmischung der Luft bei horizontaler Bewegung, die ja fast nie fehlt. Auch bei ihr werden, da die Bewegungen in ungeordneter Weise vor sich gehen, ständig Luftteilchen von oben nach unten und von unten nach oben befördert, so daß die Wirkung der der thermischen Konvektion entspricht. Jedoch reicht diese Mischung in höhere Schichten hinauf als jene.

Sinkt die Temperatur der Erdoberfläche unter die der auflagernden Luftschichten, so erkalten letztere an der Berührungsfläche durch Wärmeleitung. Auch beim Abkühlungsvorgang aber vermag die Wärme*leitung* nur eine ganz dünne Luftschicht zu beeinflussen, etwas höher gelegene Schichten erkalten durch Strahlung von der Luft zum kälteren Erdboden hin, und zwar je höher hinauf, um so weniger. Somit wird bei dem Abkühlungsvorgang die unterste Schicht am kältesten und schwersten, die Schichtung in der Atmosphäre deshalb eine sehr stabile, so daß die Abkühlung nur schwer durch Bewegungen der Luft nach der Höhe hin fortgepflanzt werden kann, während die Temperatur der untersten Luftschicht der Temperatur der Unterlage schnell nachfolgt.

4. Temperaturverteilung auf der Erde. In der regionalen Verteilung der Temperatur auf der Erde sind trotz zahlreicher und großer Störungen die Grundzüge zu erkennen, welche durch die Bestrahlung der Erde von der Sonne vorgegeben sind: die Temperaturabnahme vom Äquator zum Pol hin und die Schwankungen der Wärmegürtel nach dem wechselnden Sonnenstand im Verlauf der Jahreszeiten. Nachdem wir die Abhängigkeit der Lufttemperatur von der Unterlage und das Verhalten der Atmosphäre den Strahlungsvorgängen gegenüber kennengelernt haben, brauchen hier nur noch die Faktoren angeführt zu werden, welche die Verteilung der Strahlungsmengen auf der Erde regeln. Neben der Dauer der möglichen

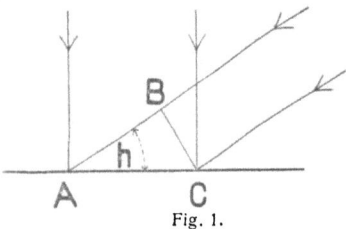

Fig. 1.

Sonnenstrahlung, über welche die astronomische Geographie unterrichtet, ist es der Einfallswinkel der Sonnenstrahlen, der die einer Gegend zukommende Strahlungsmenge bestimmt. Während beim senkrechten Auftreffen eines Strahlenbündels die größtmögliche Menge zur bestrahlten Fläche AC gelangt, nimmt die Strahlungsmenge auf die gleichgroße Fläche ab, je schiefer das Strahlenbündel auf sie fällt. (Vgl. Figur 1. $BC = AC \sin h$.)

Indem man aus Tageslängen und Einfallswinkel die Wärmesummen berechnet, die jedem Punkte der Erde im Laufe eines Zeitraumes zugestrahlt werden, erhält man die sog. Strahlungstemperaturen, die von den wirklichen stark abweichen, weil schon der Einfluß der Atmosphäre vernachlässigt ist. Sie liefern das solare Klima, welches die Grundlage zum physischen abgibt. Wollen wir diesem einen weiteren Schritt näherkommen, so müssen wir außerdem noch die wichtigen Unterschiede im Wärmeumsatz betrachten, die zwischen der flüssigen und der festen Erdoberfläche bestehen.

5. Einfluß von Land und Wasser auf die Temperatur. Die spezifische Wärme des Wassers (die Wärmemenge, welche die Temperatur der Masseneinheit um 1°C erhöht) ist größer als die des festen Bodens, weshalb Zu- und Abgang gleicher Wärmemengen beim Wasser nur geringere Temperaturänderungen hervorbringen kann. Dazu kommt, daß die Strahlung tief in das Wasser eindringt, sich also die Strahlungsmengen auf viel größere Massen verteilen als beim festen Boden, bei welchem sie wegen seiner Undurchlässigkeit für Strahlen nur von einer ganz dünnen Oberflächenschicht absorbiert werden. Ein großer Teil der zugestrahlten Wärme wird ferner an der Wasseroberfläche zur Verdampfung des Wassers verbraucht, bei welcher bekanntlich Wärme gebunden (latent) wird, so daß auch dadurch die Temperaturerhöhung des Wassers hintangehalten wird. Die größte Wirkung aber erzielt endlich die Durchmischung des Wassers durch Konvektions- und andere Strömungen, welche die Temperaturen bis in beträchtliche Tiefen ausgleichen. Durch sie wird im Vergleich zum festen Boden eine gewaltige Wassermenge an den Wärmevorgängen der Oberfläche beteiligt: einerseits wird bei Wärmeaufnahme diese auf große Massen übertragen, so daß die Temperaturerhöhung der Oberfläche verhältnismäßig gering bleibt, andererseits wird bei Wärmeabgabe (die an der Oberfläche abgekühlten Teilchen sinken, weil schwerer geworden, in die Tiefe, andere steigen dafür empor) die Temperaturerniedrigung erst dann merkbar, wenn auch die in der Tiefe aufgespeicherte Wärme mitaufgebraucht ist. Alle vier angeführten Gründe wirken sich zusammen in gleichem Sinne dahin aus, daß die Temperaturschwankungen der Wasserflächen gering bleiben und mit ihnen auch die der auflagernden Luft.

Dagegen weist das Land und seine Luft große Temperaturänderungen auf, da nur eine dünne Oberflächenschicht der festen Kruste an dem Wärmeumsatz beteiligt ist.

6. Temperatur der höheren Luftschichten. Wie der Luftdruck, so nimmt die Lufttemperatur mit der Höhe ab, jedoch lange nicht in so gesetzmäßiger Weise wie jener. Immerhin hat sich aus den Beobachtungen in Bergländern wie aus den in der freien Atmosphäre angestellten als guter Mittelwert eine Abnahme von 0,5—0,6° C je 100 m bis zu 4 km Höhe hinauf ergeben, darüber eine solche von etwa 0,7° C, so daß über Deutschland die Temperatur im Jahresdurchschnitt in 5 km Höhe rund — 17, in 10 km rund — 50° C beträgt.

Nach dem geschilderten Erwärmungsvorgang der Atmosphäre von der Erdoberfläche aus ist eine Temperaturabnahme nach oben hin zunächst einleuchtend, nur der Grad derselben bedarf noch weiterer Erklärung. Die Strahlungsverhältnisse allein würden nach der Theorie des sog. Strahlungsgleichgewichtes, welches für jede Schicht Gleichheit der absorbierten und der ausgesandten Strahlungen verlangt, innerhalb der untersten 10 km eine noch viel raschere Temperaturabnahme ergeben, als man beobachtet. Wie bereits oben ausgeführt, spielen indessen die Bewegungsvorgänge in der Atmosphäre eine ausschlaggebende Rolle für die Anordnung der Temperaturen. Die am Boden erwärmte Luft behält wegen ihrer Ausdehnung beim Emporsteigen ihre Temperatur nicht bei, sondern kühlt sich ab, umgekehrt erwärmt sich die beim Konvektionsvorgang als Ersatz nach unten sinkende Luft, weil sie dabei unter höheren Druck gerät. Allerdings wird wegen dieser dynamischen oder adiabatischen Temperaturänderungen die Mischwirkung der thermischen Konvektion auf ziemlich geringe Höhen beschränkt. Wenn nun die Temperaturabnahme nach oben hin weitergeht, so ist der Grund hierfür in der Hauptsache in der Durchmischung der Luft zu suchen, die bei ihrer horizontalen Bewegung vor sich geht. Auch hierbei hat die Verschiebung von Luftteilchen von unten nach oben Abkühlung, in umgekehrter Richtung adiabatische Erwärmung zur Folge, so daß wiederum Temperaturgefälle nach oben dabei herauskommt.

Weshalb wird nun der Betrag der allein auf Druckänderung zurückzuführenden adiabatischen Temperaturänderung von 1° C je 100 m nicht in Wirklichkeit beobachtet? Die adiabatische Abkühlung beträgt nur für trockene Luft 1⁰ C je 100 m Aufstieg, für feuchte Luft im Kondensationsstadium (s. S. 27) verringert sich die Abkühlung etwa um die Hälfte, also auf rund 0,5⁰ für 100 m. Wohl bemerkt gilt diese Herabsetzung des Wertes der Temperaturabnahme nur für aufsteigende kondensierende Luft, bei der absteigenden Bewegung, bei welcher feuchte Luft „relativ trockner" wird, ist auch ihre Temperaturzunahme stets gleich jener der trocknen Luft, also 1⁰ auf 100 m Höhenänderung. Da auf- und absteigende Bewegungen miteinander wechseln, darf man folgern, daß die in der Natur zu beobachtenden Werte des vertikalen Temperaturgefälles in der Mitte zwischen 0,5 und 1,0⁰ liegen, wie es in den Schichten über 4 km tatsächlich der Fall ist.

Mit der Herabminderung des Wertes in den untersten vier Höhenkilometern in den Durchschnittstemperaturen hat es noch eine besondere Bewandtnis; sie ist ein Rechenergebnis aus der Summe aller Beobachtungen. In allen den Fällen nämlich, wo starke Ausstrahlung die Temperatur der bodennahen Schichten besonders erniedrigt, ist der Effekt eine *Zunahme* der Temperatur nach oben hin, und zwar in sehr verschiedenem Ausmaße und bis zu wechselnder Höhe, im Winter aber bis über 1000 m hinauf. Außerdem findet man bei Durchschnitten durch die Atmosphäre fast in der Mehrzahl aller Fälle eine derartige Schichtung, daß in das vertikale Temperaturgefälle Schichten mit gleichbleibender (Isothermie) oder nach oben zunehmender Temperatur (Inversion) eingebettet sind. Diese Eigentümlichkeiten, die sich bis zur Höhe von 4 km immer wieder, aber in stets veränderter Lage einstellen, drücken im Mittelwert den Betrag der vertikalen Temperaturabnahme auf fast 0,5⁰ je 100 m herab. In Einzelfällen dagegen steigert sich, namentlich in bodennahen Schichten, die Temperaturabnahme nach oben mitunter stark, erreicht den Betrag der adiabatischen Abnahme von 1⁰ auf 100 m oder übersteigt ihn sogar, wenn die Erhitzung der Erdoberfläche besonders stark geworden ist.

Nachdem man noch vor einem Vierteljahrhundert der Meinung war, die Temperaturabnahme setze sich nach oben hin stetig fort, um in die zu — 273⁰ anzunehmende Temperatur des Weltenraumes überzugehen, brachten die Messungsergebnisse der in hohe Schichten hinaufgesandten Registrierballons das überraschende Ergebnis, daß bei uns von etwa 10 km Höhe an sich die Temperatur mit weiterem Emporsteigen nicht mehr ändert. Die höchste Beobachtung stammt aus der Höhe von 36 km und hat gelehrt, daß die „isotherme Zone" dort noch nicht ihr Ende gefunden hat; wir wissen also bisher nicht, von wo an die nachher wahrscheinlich wieder einsetzende Temperaturabnahme ihren Anfang nimmt. Die Erklärung dieser neuerlichen Entdeckung ist nunmehr dahin gelungen, daß in diesen großen Höhen, in denen die vertikale Durchmischung fehlt, Strahlungsgleichgewicht herrscht, welches dort nach der Theorie Isothermie ergibt. Man hat entsprechend diesem grundsätzlichen Unterschied in beiden Teilen der Atmosphäre besondere Namen für sie eingeführt und nennt die untere, die Mischungszone, die Troposphäre, die obere die Stratosphäre. Endlich muß noch ergänzend hinzugefügt werden, daß über Mitteleuropa die Temperatur der Stratosphäre im Jahresdurchschnitt — 55° beträgt, daß die Grenze zwischen Troposphäre und Stratosphäre vom Pol zum Äquator hin von 9 auf 16 km emporsteigt, und daß am gleichen Orte Schwankungen der Höhenlage dieser Grenze von mehreren Kilometern eintreten, die mit den Witterungsänderungen im Zusammenhang stehen.

IV. BEWEGUNGEN DER LUFT

1. Luftdruckunterschiede als Folge ungleicher Erwärmung. Der Weg, auf welchem die Umsetzung der von der Sonne zur Erde kommenden Strahlungsenergie in die kinetische Energie der Luftbewegung vor sich geht, ist oft nur schwer übersehbar. Da der Wind, die horizontale Luftbewegung, durch Luftdruckunterschiede im gleichen Niveau erzeugt wird, deren Ausgleich er anstrebt, haben wir zunächst nach den Ursachen dieser Druckunterschiede zu forschen. Zum Teil sind diese schon in den Temperaturverhältnissen bedingt, und wir wollen zunächst die Fälle betrachten, in denen dies zutrifft.

Die Luftsäule über der Stelle stärkster Erwärmung (W in Fig. 2) wird am meisten ausgedehnt, ihre obere Begrenzung wird sich also mehr heben, als die der ursprünglich gleichhohen Luftsäulen der Umgebung (Fig. 2). Die erste Folge davon ist, daß in der Höhe ein Überdruck über der erwärmten Stelle gegenüber dem gleichen Niveau der Umgebung entsteht, demzufolge dort die Luft in der Richtung des Gefälles abströmt. Da nun dieses Abfließen in der Höhe eine Massenverminderung über der wärmsten Gegend bedeutet, so sinkt *unten* an dieser

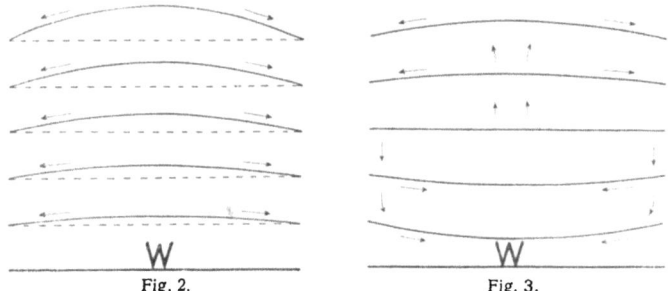

Fig. 2.   Fig. 3.

Stelle der Luftdruck, was am Erdboden hinwiederum eine Luftbewegung *zum* Wärmezentrum hin erzeugt. Dauert die vorzugsweise Erwärmung der gleichen Stelle fort, so stellt sich eine Art Kreislauf der Luft ein, indem im Wärmegebiet die Luft langsam aufsteigt, im Kältegebiet dagegen absinkt (Fig. 3).

Dieses Schema bildet auch die Grundlage zur Entstehung des allgemeinen Luftkreislaufes auf der Erde, der auf S. 29 ausführlicher betrachtet wird. Er wird durch den Wärmeüberschuß der äquatornahen Gegenden gegenüber den höheren geographischen Breiten ausgelöst und aufrechterhalten. In gleicher Weise kommen die Windwechsel zwischen Land und Wasser zustande, die ja fast stets Temperaturunterschiede aufweisen. Ist, wie im Sommer und am Tage, das Land wärmer, so weht am Erdboden der „Seewind", d. h. der Wind von See in das Land hinein, im Winter und bei Nacht, wenn sich das Verhältnis der Temperaturen umgekehrt hat, herrscht an der Küste „Landwind". Man nennt diese Land- und Seewinde, wenn sie an großen Ländermassen nur jahreszeitlich wechseln, Monsune.

2. Das barische Windgesetz. Die Beziehungen zwischen der Luftdruckverteilung und der Luftbewegung hat man im „barischen Windgesetz" zusammengefaßt, dessen einer Satz lautet: Die Stärke des Windes ist dem Luftdruckgefälle (Gradient) proportional. Der andere Teil dieses Gesetzes bringt die Tatsache zum Ausdruck, daß jede auf der rotierenden Erde ein-

16 Bewegungen der Luft

geleitete Bewegung der sog. ablenkenden Kraft der Erdrotation unterworfen ist. Die Drehung der Erde um ihre Achse bringt es nämlich mit sich, daß für einen auf der Erde stehenden Beobachter die Bewegung eines Körpers von der Anfangsrichtung der auf die Erdoberfläche bezogenen Bahn abweicht, so als ob eine auf die Bewegungsrichtung senkrecht wirkende Kraft vorhanden wäre; und zwar ist diese gedachte Kraft auf der Nordhalbkugel nach rechts, auf der Südhalbkugel nach links gerichtet. Diese auf alle bewegten Körper wirkende „Kraft" (in Wirklichkeit ist es gar keine Kraft, die einer Arbeitsleistung fähig wäre) wächst mit der Geschwindigkeit des bewegten Körpers und mit dem Sinus der geographischen Breite, sie ist also für gleiche Geschwindigkeiten am größten in der Nähe des Pols und fehlt am Äquator. Da manche Ableitungen ihrer Entstehung zu dem Irrtum verleiten, als wären ihr nur Bewegungen in nordsüdlicher Richtung unterworfen, sei hier nachdrücklich betont, daß die Bewegungsrichtung gar keine Rolle spielt und die ablenkende Kraft mit jeder Bewegung zwangsläufig auftritt.

Nachdem ein Luftteilchen entsprechend dem Anfangszustand von Figur 4 sich zunächst in der Richtung des stärksten Druckgefälles (Gradienten G) in Bewegung gesetzt hat, führt bei reibungsloser Bewegung das Auftreten der ablenkenden Kraft der Erdrotation A dahin, daß die Bewegung im stationären Endzustand senkrecht zur Richtung des Gradienten verläuft, wie in es Figur 5 dargestellt ist. Wir finden in einigen hundert Metern Höhe, wo die Reibung fast zu vernachlässigen ist, tatsächlich durch die Beobachtungen bestätigt, daß die Windrichtung (W in Fig. 5) senkrecht zum Gradienten steht.

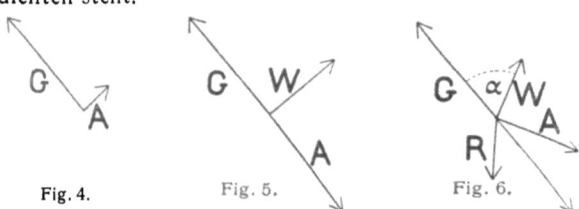

Fig. 4.   Fig. 5.   Fig. 6.

Näher am Erdboden tritt als weiteres Moment nun noch die Reibung hinzu. Diese wirkt wie eine der Bewegung entgegenarbeitende Kraft, ihre Richtung liegt aber, da es sich nicht nur um die Bodenreibung, sondern auch um eine Beeinflussung durch die Luftschichten höherer Niveaus handelt, nicht genau in der Windrichtung selbst, sondern bildet mit dieser, wie in der Figur 6 durch R angegeben, einen kleinen Winkel. Die Resultante von ablenkender Kraft und Reibungskraft hält im stationären, beschleunigungslosen Endzustand sodann der Gradientkraft das Gleichgewicht. Der Bodenwind bildet mit der Gradientkraft in unseren Breiten einen „Ablenkungswinkel" α von durchschnittlich 55°; die Reibung ist über dem Lande etwa 4mal so groß wie über den glatten Wasserflächen der Ozeane, der Ablenkungswinkel deshalb über dem Lande kleiner als über dem Meere. Da mit zunehmender Höhe die Reibung mehr und mehr zurücktritt, wächst der Ablenkungswinkel bald auf 90°, wodurch die gewöhnlich zu beobachtende „Rechtsdrehung" des oberen Windes gegenüber dem unteren ihre Erklärung findet. Die schnelle Zunahme der Windgeschwindigkeit mit der Höhe, welche in 500 m Abstand von der Erdoberfläche für gewöhnlich etwa den doppelten Wert der Bodenwindstärke erwarten läßt, ist ebenfalls eine Folge der abnehmenden Reibung.

3. Vertikalbewegungen. Nachdem man früher fast ausschließlich sich mit der horizontalen Luftbewegung, dem eigentlichen Wind, beschäftigt hat, schenkt man in neuerer Zeit mit Recht auch den Vertikalbewegungen mehr und mehr Beachtung. Bei diesen kommt der Temperaturschichtung in der Atmosphäre große Bedeutung zu. Wir erinnern daran, daß die Druckabnahme mit der Höhe für vertikal bewegte Luft adiabatische Temperaturänderungen zur Folge hat. Je nachdem das Temperaturgefälle mit der Höhe in der Umgebung des vertikal bewegten Luftteilchens gleich, kleiner oder größer als die adiabatische Temperaturänderung von 1° C je 100 m ist, spricht man von indifferentem, stabilem oder labilem Gleichgewicht, und zwar aus folgendem Grunde. Beträgt das Temperaturgefälle nach oben gerade 1° C auf 100 m, so wird ein vertikal bewegtes Luftteilchen einen Temperaturunterschied gegenüber seiner Umgebung überall in gleichem Grade beibehalten; nur in diesem Falle ist die Temperaturschichtung ohne Einfluß auf die Bewegung, deshalb der Name indifferentes Gleichgewicht. Anders bei den anderen Gleichgewichtszuständen, von denen der stabile den Normalfall bedeutet. Steigt beim gewöhnlichen Temperaturgefälle von weniger als 1^0 C auf 100 m ein Luftteilchen in die Höhe, beispielsweise durch Auftrieb, den es infolge Erwärmung am Erdboden erhalten hat, so kühlt es sich beim Emporsteigen schneller ab als die Temperatur seiner Umgebung mit der Höhe sinkt. Sobald durch die adiabatische Abkühlung seine Temperatur der der Umgebung angeglichen ist, fällt der Auftrieb fort, das Luftteilchen kommt zur Ruhe. Mithin strebt dieser „stabile" Gleichgewichtszustand dahin, die Vertikalbewegungen zum Stillstand zu bringen, um so schneller, je geringer die Temperaturabnahme mit der Höhe ist. Die Umkehrung der Betrachtung für absteigende Bewegungen ergibt auch bei diesen das Bestreben der stabilen Temperaturschichtung zur baldigen Hemmung der eingeleiteten Bewegung. Beim labilen Gleichgewichtszustand endlich sinkt die Temperatur eines aufsteigenden Luftteilchens gemäß der adiabatischen Abkühlung wieder um 1^0 C je 100 m, während die Temperatur der Umgebung schneller abnimmt. Das hat zur Folge, daß der Temperaturüberschuß des aufsteigenden Teilchens gegen seine Umgebung mit fortschreitender Bewegung immer größer und damit die Begünstigung des Aufstiegs immer stärker wird. Daß sich labiles Gleichgewicht namentlich über stark erhitztem Erdboden mitunter einstellt, wurde bei Betrachtung der vertikalen Temperaturabnahme schon hervorgehoben, hier bedarf es noch zweier Feststellungen.

Die Überschreitung des adiabatischen Gradienten von 1^0 C auf 100 m hat noch nicht sofort das Aufsteigen der wärmeren unteren Luft zur Folge; letztere bleibt zunächst noch spezifisch schwerer als die darüberliegende Luft, und die Bewegung muß erst durch einen äußeren Anstoß eingeleitet werden. Erst wenn dieser gegeben ist, macht sich der labile Gleichgewichtszustand in der oben geschilderten Unterstützung des Aufstiegs geltend. Die Grenze des labilen Gleichgewichtszustandes nach der anderen Seite hin liegt bei einem vertikalen Temperaturgefälle von $3{,}4^0$ C auf 100 m Erhebung. Ist dieser Wert erreicht, dann ist die untere Luft durch Erwärmung spezifisch leichter geworden als die darüberliegende, das Gleichgewicht ist gestört und muß von der Schwerkraft der Erde durch Umlagerung der Luftmassen wieder hergestellt werden. Das geschieht in ungestümen vertikalen Bewegungsvorgängen, wie sie sommerlichen Wärmegewittern eigen sind. Über die Bedeutung des Wasserdampfgehaltes der Luft bei Vertikalbewegungen wird im nächsten Kapitel noch die Rede sein.

4. Entstehung von Luftbewegungen besonderer Art. Die Luftdruckunterschiede, die wir als die unmittelbaren Erzeuger des Windes kennengelernt haben, brauchen durchaus nicht in der Art und Weise entstanden zu sein, wie es das erste auf Temperaturunterschiede aufgebaute Schema der Figuren 2 und 3 angegeben hat. Wir können eine große Anzahl von Störungen in der Luftdruckverteilung feststellen, die, wenn überhaupt, so doch erst in mittelbarer Weise, nämlich durch Einschaltung von Massenverschiebungen und von dynamischen Vorgängen auf Temperaturunterschiede zurückzuführen sind. Namentlich die stärkeren Luftbewegungen der gemäßigten Zonen sind als ein Teil des gesamten Luftkreislaufes der Erde aufzufassen, der zwar durch die Temperaturgegensätze zwischen Äquator und Pol in Tätigkeit gesetzt, aber durch das Dazwischentreten dynamischer Kräfte so abgeändert wird, daß wir die Wirksamkeit der Temperaturverteilung häufig genug kaum noch zu erkennen vermögen.

Auch die Vertikalbewegungen können auf ganz andere Weise zustande kommen als bisher erörtert wurde. An den Gebirgen der Erde müssen sich bei horizontalem Lufttransport erzwungene Vertikalbewegungen einstellen, ganz wie Gebirge wirken aber auch, wie man neuerdings eingesehen hat, kalte schwere Luftmassen, sog. der Erdoberfläche aufgesetzte Kaltluftberge, gegen welche wärmere leichtere Luftmassen anfluten. Da ferner die kalten Luftmassen ihrerseits nicht stillliegen, haben sie die Fähigkeit, sich vermöge ihrer größeren Schwere unter wärmere Luft ihrer Umgebung unterzuschieben und dabei Vertikalbewegungen zu erzeugen. Indem sie endlich auseinanderfließen und sich dabei verflachen, treten in ihrem Inneren absinkende Bewegungen auf. Es mag auch erwähnt werden, daß die durch Ausstrahlung an Bergwänden erkaltete Luft infolge ihrer Abkühlung und Verdichtung an den Hängen zur Tiefe fließt, um sich in den Beckenformen des Geländes zu ,,Kaltluftseen" zu sammeln. Umgekehrt erhält der an einem Gebirge durch Saugwirkung aus der Ferne tief herabstürzende Fallwind den Charakter eines warmen trockenen

Windes, da bei größeren Höhenunterschieden die adiabatische Erwärmung deutlich in Erscheinung tritt. Solche Fallwinde führen den Namen Föhn. Eine erschöpfende Aufzählung aller weiteren Entstehungsmöglichkeiten zur Luftbewegung kann natürlich hier nicht geboten werden.

5. Turbulenz. Zum Schluß dieses Kapitels ist noch einiges über die innere Beschaffenheit der Luftbewegungen zu sagen, von der man erst in neuerer Zeit richtige Vorstellungen bekommen hat. Nach ihnen fließt die Luft nur selten in einander parallel verlaufenden Bahnen oder Stromfäden gleichmäßig dahin, in den meisten Fällen dagegen weist der Wind mehr oder weniger starke Schwankungen seiner Stärke auf, und die einzelnen Luftteilchen machen ungeordnete Bewegungen aller Art. Diese Windunruhe ist die aus der Hydrodynamik bekannte eigentümliche turbulente Bewegungsform, die sich auch in Flüssigkeiten einstellt, wenn ihre Geschwindigkeit eine bestimmte Grenze überschreitet; in der Atmosphäre wird sie außerdem sowohl durch die Reibung der bewegten Luft an den Unebenheiten der Erdoberfläche, als auch durch Eigentümlichkeiten der vertikalen Temperaturanordnung mit verursacht. Da kalte Luftmassen, welche in wärmere Gegenden der Erde fließen, durch die Erwärmung ihrer untersten Schichten an der Erdoberfläche ein starkes Temperaturgefälle nach oben erhalten und sich so dem labilen Gleichgewichtszustand nähern, ist ihre Bewegung im allgemeinen turbulenter als die von warmen Luftmassen, welche in kältere Gegenden strömen. Wie die Luft infolge der Turbulenz ihrer Strömungen durchmischt wird, und welchen Einfluß dieser Vorgang wiederum auf die vertikale Temperaturverteilung in der Atmosphäre ausübt, wurde oben schon erörtert.

V. DER WASSERDAMPFGEHALT DER LUFT UND SEINE FOLGEERSCHEINUNGEN

1. Die Luftfeuchtigkeit. Infolge des reichen Wasservorrates auf der Erde ist in der Atmosphäre überall und stets Wasserdampf enthalten. Wenn dieser trotzdem bei der Zusammensetzung der Luft aus ihren Einzelbestandteilen zunächst nur kurz erwähnt wurde, so liegt das daran, daß seine im Gegensatz zu den anderen Teilgasen der Luft nach Ort und Zeit so wechselnde Menge es verbietet, von einer Wasserdampfatmosphäre zu sprechen.

Die Wasserdampfmenge, welche über einer Wasseroberfläche in einen gegebenen Raum hinein verdampfen kann, ist von der Temperatur des Raumes abhängig: je höher die Temperatur, um so größer die Aufnahmefähigkeit des Raumes für Wasserdampf. Bei Erreichung der größtmöglichen Wasserdampfmenge spricht man von Sättigung mit Wasserdampf. Die in der Luft enthaltenen Wasserdampfmengen geben wir entweder in Gramm pro cbm (= „absolute Feuchtigkeit") oder in Millimeter Quecksilberdruck (Dampfdruck) an. Die Sättigungsdrucke sind

bei	-20	-10	0	$+10$	$+20$	$+30$	$+40°$ C
	$1,0^1)$	$2,2^1)$	$4,6$	$9,2$	$17,5$	31.8	$55,3$ mm.

Nur selten herrscht in den unteren Luftschichten Sättigung. Das Verhältnis der jeweils vorhandenen Wasserdampfmenge, also der absoluten Feuchtigkeit der Luft, zu dem bei der herrschenden Temperatur größtmöglichen Wert, dem Sättigungswert, in Prozenten ausgedrückt, nennt man die relative Feuchtigkeit; 100% relative Feuchtigkeit bedeuten also Sättigung mit Wasserdampf. Wenn man im Hinblick auf das organische Leben von verschiedenen Feuchtigkeitsgraden der Luft redet, so versteht man darunter stets die relative Feuchtigkeit. Aber auch für meteorologische Betrachtungen hat dieser Ausdruck größte Bedeutung. Die Differenz Sättigungswert — absolute Feuchtigkeit hat man als Sättigungsdefizit bezeichnet. Von ihm und von der Windgeschwindigkeit, mit der die Luft über die verdampfende Oberfläche hinweggeführt wird, hängt die Schnelligkeit der Verdampfung ab.

Sinkt die Temperatur einer zunächst nicht gesättigten Luftmasse, so wird diese bei fortschreitender Abkühlung relativ feuchter, bis schließlich Sättigung erreicht ist. Geht dann die Temperaturerniedrigung noch weiter, so wird die den Sättigungswert überschreitende Dampfmenge ausgeschieden, sie kondensiert zu flüssigem Wasser, welches sich in geschlossenen Räumen an deren Wänden niederschlägt. Die Temperatur, bei der die Sättigung erreicht ist, nennt man deshalb den **Taupunkt**.

Nach Festlegung dieser Begriffe können wir in die eigent-

---

1) Über Wasser, über Eis etwas geringer.

lichen Betrachtungen der Luftfeuchtigkeitsverhältnisse eintreten. Die schnelle Temperaturabnahme mit der Höhe, welche bald zur Kondensation und Ausfällung von flüssigem Wasser führt, verhindert schon die Entstehung einer nur durch die Gasgesetze und die Schwerkraft regulierten Wasserdampfatmosphäre. So zeigen denn die Beobachtungen eine viel schnellere Abnahme des Dampfdrucks mit der Höhe als nach dem spezifischen Gewicht des Wasserdampfes zu erwarten wäre, ja selbst als der Druck der spezifisch schwereren Luft. Schon in 2000 m Höhe ist in allen Klimaten der Dampfdruck durchschnittlich auf die Hälfte seines Wertes in Meeresniveau, in 8000 m Höhe gar schon auf 1% dieses Bodenwertes gesunken (vgl. hiermit die Abnahme des Luftdruckes nach der Höhe, S. 5), so daß sich praktisch genommen in größeren Höhen kein Wasserdampf mehr vorfindet. Aber auch in den unteren 8 Höhenkilometern ist von einer gesetzmäßigen Anordnung des Wasserdampfs nicht die Rede, weil durch Kondensations- und Bewegungsvorgänge fortgesetzt Störungen erfolgen, welche durch die nur langsam vor sich gehende Diffusion nicht ausgeglichen werden können.

2. Wolkenelemente und Regenbildung. Der Kondensationsvorgang in der freien Atmosphäre hat noch besondere Eigenheiten. Erstens ist der Sättigungsdruck über stark konvex gekrümmten Oberflächen, wie kleine Wassertröpfchen sie haben, größer als über ebenen Wasserflächen. Aus diesem Grunde bedarf es einer Übersättigung in gewöhnlichem Sinne, bis ein Wassertröpfchen entstehen kann, in bezug auf welches seine Umgebung gesättigt ist. Dann aber bedarf es zur Erleichterung der Kondensation des Vorhandenseins von Ansatzkernen an welche sich die entstehenden Wassertröpfchen anlehnen können. Solche Ansatzkerne sind allerdings in der Natur fast stets vorhanden, und zwar spielen die Staubteilchen über Land und die Salzstäubchen über den Ozeanen dabei eine weit geringere Rolle als die Spuren nitroser Gase, welche hygroskopisch sind und schon vor der Sättigung Wasserdampfmoleküle an sich ziehen, um mit ihnen eine wässerige Lösung zu bilden.

Die ersten Kondensationsprodukte in der Luft nennen wir Nebel oder Wolken, je nach dem wir uns inmitten derselben befinden oder sie aus der Entfernung schweben sehen. Das Schweben der Wolken erklärt sich sehr einfach, wenn wir die geringe Größe der Wolkenteilchen in Betracht ziehen, welche durch Reibung an der Luft eine so kleine Fallgeschwindigkeit erreichen, daß schon eine aufsteigende Bewegung von Zentimetern in der Sekunde sie am Fallen verhindert. Messungen der Wolken- und Nebelelemente haben in der Tat ergeben, daß die Durchmesser der Tröpfchen unter 0,05 mm bleiben und bis zu 0,001 mm herabgehen. Um auch eine Vorstellung von der Gedrängtheit der Teilchen zu geben, sei hinzugefügt, daß man 200—500 Tröpfchen pro ccm gefunden hat und dementsprechend einen Gehalt von 1—2 g flüssigem Wasser in einem cbm Wolkenluft.

Wächst mit zunehmender Kondensation die Tropfengröße und erreichen die Tropfen einen Durchmesser von 0,07 mm, damit eine Fallgeschwindigkeit von 0,5 m/s, so ist die Grenze der Regentropfen erreicht, denen es im allgemeinen gelingt, als Niederschlag zur Erde zu gelangen. Das weitere Wachstum geschieht dann meist durch Vereinigung zweier Tropfen, wobei nach hydrodynamischen Gesetzen nur die Verschmelzung gleichgroßer Tropfen möglich ist. Aus diesem Grunde verhalten sich die Tropfen eines Regens ihrem Gewicht (Volumen) nach wie 1 : 2 : 4 : 8. Die obere Grenze für den Durchmesser der Regentropfen liegt bei 0,4 cm, da noch größere Tropfen beim Fallen wieder zerreißen; die Fallgeschwindigkeit der größten Tropfen beträgt 8 m/s. Nachdem Vertikalbewegungen von mehreren Metern pro Sekunde bei lebhaftem Aufsteigen der Luft tatsächlich beobachtet worden sind, ist es leicht erklärlich, daß auch Regenmassen mindestens eine Zeitlang in der Luft getragen, teilweise sogar mit emporgerissen werden.

3. Wolkenformen und Wolkenhöhen. Messungen der Wolkenhöhe haben ergeben, daß gewisse Etagen bei der Wolkenbildung bevorzugt werden. In jeder Etage aber unterscheidet man bei ihrer Benennung die geballte (cumulus) und die gestreckte (stratus) Form. Die erste zeigt an, daß an den Stellen der Wolkenbildung Luftmassen emporquellen, wie es durch die kondensierenden Köpfe angezeigt wird, die den von einer Lokomotive ausgestoßenen Dampfmassen gleichen. Die geballte Form der untersten Etage ist die gewöhnliche Haufenwolke, der Cumulus schlechtweg, dessen Basis gewöhnlich etwa 1500 m über dem Erdboden liegt. Die horizontale Grundfläche, über welcher sich die Haufenwolke in die Höhe türmt, zeigt das Kondensationsniveau an, bei dessen Durchstoßung die aufsteigende Luftmasse durch ihre Kondensationsprodukte sichtbar wird. Die gestreckte Form der untersten Etage, die tiefe Schichtwolke trägt den Namen Stratus, welcher in allen Höhen von Bodennähe bis 1500 m vorkommt und bei niedriger Lage wohl auch als gehobener Nebel bezeichnet wird.

In der mittleren Etage, die etwa die Höhenstufen 3 bis 5 km umfaßt, heißt die geballte Form Alto-cumulus = die grobe Schäfchenwolke, die Schichtwolke Alto-stratus = ein leichter Schleier von grauer Farbe, welcher Sonne und Mond wie durch ein Mattglas durchscheinen läßt. Die feineren und zarteren Schäfchenwolken gehören schon der oberen Etage an; sie heißen Cirro-cumulus, und auch die Schichtwolken der oberen Etage, die Cirro-stratus-Wolken bestehen nur aus einem feinen weißlichen Schleier. Durch häufige Bildung von Ringen um Sonne und Mond in den Cirro-stratus-Wolken wird dargetan, daß sie aus Eiskristallen bestehen. Da die Höhe der Cirrusformen 6—11 km beträgt, wo ständig Temperaturen weit unter dem Gefrierpunkt herrschen, nimmt das nicht Wunder. Die höchsten Wolken sind meist solche von faserigem Gewebe in ebenfalls weißlicher Farbe und in den verschiedensten Formen, schlechtweg Cirrus- oder Federwolken genannt. Auch sie sind natürlich Eiswolken, deren Bestandteile durch Sublimation, d. h. direkten Übergang des Wasserdampfes in Eis unter Auslassung des flüssigen Aggregatzustandes, entstanden sind.

Die zahlreichen Zwischenformen, die neben den genannten Haupttypen der Wolken auftreten und in der Wolkenforschung ihre besondere Bezeichnung erhalten haben, können hier unmöglich alle aufgeführt und beschrieben werden, nur zwei Wolkenarten verdienen noch der Erwähnung, der Nimbus und der Cumulo-Nimbus. Unter Nimbus wird die Regenwolke verstanden, gewöhnlich eine ausgebreitete Wolkendecke in den unteren 3000 m Höhe. Der Cumulo-Nimbus aber ist die zu größter Mächtigkeit und bis zur Niederschlagsbildung gesteigerte Haufenwolke, die sich mehrere tausend Meter hoch auftürmen kann und oben gewöhnlich in einer Schleierform ausfließt. Er ist die typische Form der sommerlichen Wärmegewitter und der Aprilböen.

Wenn der *Nebel* oben als Wolkenluft bezeichnet wurde, so ist dem nur wenig hinzuzufügen. Der Bodennebel ist meist eine Folge der Ausstrahlung, in diesem Falle erkaltet die unterste Luftschicht selbst bis unter den Taupunkt. Höhere Nebel dagegen können ihre Entstehung der Mischung verschieden warmer und feuchter Luftmassen verdanken. Bei den mitunter ganz plötzlich auftretenden Seenebeln spielen noch Wechsel der Wassertemperatur, wie sie durch warme oder kalte Meeresströmungen verursacht werden, eine große Rolle. Oft ist es sehr schwer, die Grenze zwischen Nebel und Dunst zu ziehen, falls unter Dunst die Verunreinigung der Luft durch feste kleine Teilchen verstanden wird. Da die Dunstpartikelchen außerdem die Ansatzkerne für Wassertröpfchen sind, geht der echte Dunst oft genug in Nebel über und umgekehrt.

4. Verschiedene Niederschlagsformen: Schnee, Graupeln, Hagel. Liegt die Temperatur der Luft unter dem Gefrierpunkt, so kommt es in der freien Atmosphäre außerordentlich häufig zur Bildung unterkühlter Wassertröpfchen. Zahlreiche Wolken bestehen aus solchen unterkühlten Tröpfchen, ohne sich zunächst in ihrem Verhalten von gewöhnlichen Wasserwolken positiver Temperatur zu unterscheiden. Im übrigen aber geht bei Temperaturen unter Null und beginnender Übersättigung der Wasserdampf durch Sublimation in Eis über, wobei der Grad der stets nur wenige Prozent relativer Feuchtigkeit ausmachenden Übersättigung und das weitere Schicksal über die Form des Sublimationsproduktes und seine Fortentwicklung entscheidet. Es mag noch vorweg geschickt werden, daß zur Sättigung in bezug auf Eis ein geringerer Sättigungsdruck erforderlich ist als zur Sättigung über Wasser.

Wenn nun die Luft in bezug auf Eis nur wenig übersättigt ist, bilden sich die sog. Kristallwolken, welche aus Vollkristallen bestehen; die Natur von manchen Cirrostraten als Kristallwolken wird durch Haloerscheinungen (Ringe um Sonne und Mond) erhärtet. Bei stärkerer Übersättigung entstehen Kristallskelette, indem die Ecken der Kristalle ausschießen; diese Skelette sind die Anfänge der *Schnee*sterne. Geht die Übersättigung noch weiter, so kommt es zur Bildung der sog. Sphärokristalle, den Urformen der *Graupeln*.

Beim Schneestadium rufen Schwankungen der Übersättigung die mannigfaltigsten Skelettbildungen und Umbildungen hervor, welche auf vergrößerten Photographien von Schneesternen gut zu erkennen sind. Bei tieferen Temperaturen fallen nur Schneekristalle oder Sterne. Die *Schneeflocken* dagegen sind Erscheinungsformen des Tauschnees, bei welchem eine Anzahl von Schneesternen durch Schmelzwassertröpfchen miteinander verbunden werden. Die am Boden liegende Schneedecke schließlich ist ein Gemisch aus Eis, Luft und gegebenenfalls Wasser; sie weist je nach Beschaffenheit und Alter einen ganz verschiedenen Wassergehalt auf. Frisch gefallener, lockerer Schnee hat gewöhnlich den zehnten Teil des Wassergehaltes einer gleichgroßen Regenhöhe.

Für das Wachstum der Graupelkörner ist wesentlich, daß sie sich bei Feuchtigkeitsverhältnissen bilden, bei denen die Luft auch schon in bezug auf Wasser gesättigt ist, daß also außer den Sphärokristallen auch unterkühlte Wassertröpfchen vorhanden sind. Diese lagern sich den Graupelkörnern an, erstarren und vergrößern so die Graupeln. Die Graupeln sind undurchsichtige weiße Körper.

Ähnlich ist der Vorgang auch bei der *Hagel*bildung. Unter Hagel versteht man größere Eiskörner oder Eisklumpen von schaliger Struktur mit weißlichem Kern. Während der Kern aus einem Graupelkorn besteht, sind die klaren festen Eisschalen gefrorenes Wasser, welches sich bei der Bewegung des Kornes in Wolkenluft diesem angelagert hat. Das kalte, aus hohen Schichten stammende Eiskorn, über dem sehr starke Übersättigung herrschen muß, wenn es durch wärmere Luft fällt, verursacht lebhafte Kondensation auf seiner Oberfläche. Da sich Hagel dann bildet, wenn Luft wie z. B. bei Gewittern in die kalten Schichten über 4 km Höhe emporstrudelt, finden die tiefen Temperaturen des Hagels ihre Erklärung. Die der großen Höhe entsprechende lange Fallzeit und dazu die lebhaften Vertikalbewegungen ermöglichen das zum Anwachsen des Hagelkornes notwendige lange Verbleiben in der Luft, bevor der Hagel zur Erde kommt.

5. Hauptursachen der Niederschläge. Wir haben zum Schluß die Frage zu beantworten, woher die Abkühlung kommt, welche zur Bildung der eigentlichen Niederschläge (Regen, Schnee, Graupel, Hagel) erforderlich ist. Durch Mischung verschieden temperierter, nicht weit von der Sättigung entfernter Luftmassen kann nur schwache Kondensation entstehen, welche zu Wolken- oder Nebelbildung, allenfalls zu einem feinen Sprühregen ausreicht. Auch die Abkühlung durch Ausstrah-

Ursachen der Niederschläge 27

lung kann nur Nebel- oder Wolkenbildung hervorrufen, zur Ausfällung der stärkeren Niederschläge aber bedarf es fortgesetzter beträchtlicher Temperaturerniedrigung. Der einzige Vorgang, der letztere in genügendem Maße herbeiführen kann, ist die bei aufsteigender Bewegung der Luft infolge der Expansion eintretende adiabatische Abkühlung. Die Temperaturerniedrigung aufsteigender Luft beträgt, solange keine Kondensation eintritt, bei 100 m Aufsteigen 1^0, und eine einfache Rechnung liefert uns die Höhe, in welcher eine aufsteigende Luftmasse das Kondensationsniveau erreicht. Geht die aufsteigende Bewegung weiter, dann tritt Kondensation ein, zugleich verringert sich im Kondensationsstadium der Betrag der adiabatischen Temperaturabnahme; denn bei der Kondensation wird die vorher im Wasserdampf gebundene latente Wärme frei, welche der aufsteigenden Luft zugute kommt. Die freiwerdende Wärme befähigt die Luft zu weiterem Aufsteigen, als es im Trockenstadium der Fall sein würde, und trägt damit den Prozeß der Wolken- und Niederschlagsbildung bis in größere Höhen hinauf. Für Überschlagsrechnungen kann man im Kondensationsstadium die adiabatische Temperaturabnahme zu $1/2^0$ pro 100 m ansetzen.

Nach den hauptsächlichsten Ursachen für aufsteigende Bewegungen unterscheidet man auch verschiedene Arten von Niederschlägen. Wird die Luft an Bergländern zum Aufstieg gezwungen, spricht man von Geländeregen, gleitet wärmere Luft über kältere und schwerere hinauf, nennt man die Niederschläge Aufgleitregen, hebt kalte Luft, die unter wärmere einbricht, letztere empor, kommt es gewöhnlich zu böenartigen Niederschlägen. Im Falle des labilen Gleichgewichts oder bei Annäherung an dieses werden auch ringsum begrenzte, am Boden erwärmte Luftmassen so hoch emporquellen können, daß kräftige Kondensation und Niederschlagsbildung eintritt. Das ist der Vorgang bei den sommerlichen Wärmegewittern.

6. Gewitter. Am Schluß dieses Kapitels muß die Frage nach der Entstehung der elektrischen Erscheinungen bei Gewittern kurz gestreift werden. Die Gewitterelektrizität ist nämlich, das kann man jetzt im Gegensatz zu allen früheren andersartigen Erklärungsversuchen als feststehend annehmen, an den Niederschlagsprozeß gebunden, dem die elektrischen Vorgänge unter bestimmten Bedingungen nur als Begleiterscheinungen hinzutreten. Man hält jetzt die Influenzwirkung des Erdfeldes (die Erde ist gegenüber der Luft negativ geladen) als die wahrscheinlichste Ursache für die Trennung der Elektrizitätsmengen verschiedenen Vorzeichens im Regen, die dann bei Zerteilung der Tropfen ihren Fortgang nimmt. Wenn auch die für die verschiedenen Ladungen einzelner Niederschlagsformen und die gesteigerten Spannungen bei Gewitter erforderlichen Annahmen durchaus im Bereich der Möglichkeit liegen, so muß man immerhin zusammenfassend zugeben, daß unsere Kenntnisse von der gewaltigen Naturerscheinung, die das Gewitter darstellt, noch recht dürftig sind.

VI. KLIMATOLOGIE

1. Das Klima Deutschlands. Eine kleine Tabelle (S. 29) mag den kurzen Abriß über die Klimatologie einleiten und die Beschreibung unseres Klimas ersetzen.

Dieser Tabelle ist in Worten hinzuzufügen, daß die vorherrschende Windrichtung in ganz Deutschland der Südwest- bis Westwind ist, dem wir im Winter eine erhebliche klimatische Begünstigung verdanken. Bilden wir nämlich Mittelwerte der Temperatur für ganze Breitenkreise der Erde und stellen die Temperaturen einzelner Orte als Abweichungen von diesen Mittelwerten dar, so erkennen wir leicht ihre „thermische Anomalie", die für Deutschland in den Wintermonaten etwa 7—11°C nach der positiven Seite hin beträgt, vgl. Tafel 1, S. 31. Durch die vorherrschend vom Ozean in den Kontinent hineinwehenden Winde nehmen wir nämlich an der Wärme des Golfstromes teil. Das Klima Deutschlands zeigt im übrigen einen Übergang vom Seeklima zum Landklima. Die Niederschlagsmengen wachsen in den Bergländern mit zunehmender Höhe, was hauptsächlich eine Folge des durch die Gebirge erzwungenen Aufsteigens der Luft ist. Um auch vom Niederschlag Extremwerte zu nennen, sei angemerkt, daß die höchsten in Deutschland vorkommenden *Tages*mengen des Regens 100—150 mm betragen und daß die Intensität der stärksten Platzregen, die dann allerdings nur wenige Minuten in dieser Stärke anhalten, auf 3—4 mm pro Minute anwächst. Die Sonnenscheindauer, welche die Zahlen der Bewölkung ergänzt, beträgt im Jahresdurchschnitt 1500—1700 Stunden, und damit im Mittel 38% der (nach dem Stand der Sonne über dem Horizont) möglichen Dauer.

KLIMATABELLE VON DEUTSCHLAND

Nach langjährigen Beobachtungen (meist 1881—1910) aus dem „Klima-Atlas von Deutschland".

	Lufttemperatur °C					Niederschlag			Rel. Feuchtigkeit, Jahresmittel	Bewölkung, Jahresmittel	Mittlere jährliche Zahl der		
	Mittelwerte			höchster Wert	niedrigster Wert	Mittlere Jahresmenge meßb. Niederschlag	Zahl d. Tage m.	Schnee					
	Januar	Juli	Jahr			mm			%	0—10	heiteren Tage	trüben Tage	
Helgoland	1,5	15,4	8,2	31,6	—12,2	730	186	25	85	7,3	22	171	
Aachen	1,5	16,7	9,0	36,4	—20,2	820	194	28	76	6,6	31	135	
Hannover	0,3	17,2	8,7	35,5	—25,4	660	183	30	82	6,8	32	150	
Frankfurt a. M.	0,1	18,6	9,5	36,7	—20,0	570	160	26	76	6,1	60	133	
München	—2,1	17,7	7,9	35,3	—25,5	930	203	54	75	6,4	45	142	
Köslin	—1,9	16,7	7,1	35,1	—28,3	750	171	37	84	6,2	50	130	
Berlin[1])	—0,3	18,8	9,1	36,4	—23,1	570	169	35	76	6,4	44	140	
Erfurt	—1,6	16,9	7,8	36,0	—25,5	530	181	39	79	6,6	33	143	
Dresden	—0,3	17,8	8,7	37,9	—25,5	670	170	32	75	6,7	38	149	
Königsberg i. Pr.	—2,7	17,5	7,0	36,0	—30,1	680	188	45	81	6,7	38	149	
Marggrabowa	—4,9	16,8	5,7	34,0	—36,4	630	185	69	82	6,7	33	144	
Breslau	—1,6	18,7	8,6	36,7	—25,5	580	167	48	74	6,9	38	159	
Beuthen O.S.	—3,0	17,6	7,6	36,6	—28,9	740	183	50	78	6,5	38	165	

**2. Abhängigkeit der Klimate vom allgemeinen Luftkreislauf.
a) Wind- und Temperaturverteilung.** Auf einer nicht um ihre Achse rotierenden Erde mit homogener Oberfläche würde der allgemeine Luftkreislauf nach dem Schema auf Seite 15 vor sich gehen, d. h. über der Zone stärkster Erwärmung am Äquator würde die Luft aufsteigen, um in der Höhe nach den Polen hin abzufließen, an den Polen aber würde diese Luft zu Boden sinken, um dann vom Kältezentrum nach außen hin wieder den Tropen zuzuströmen. Die tägliche Umdrehung der Erde verhindert das Zustandekommen dieses einfachen Zirku-

---

1) Diese Werte sind aus Beobachtungen in der Innenstadt abgeleitet und lassen den temperaturerhöhenden Einfluß einer Großstadt erkennen.

lationsschemas, bei welchem zugleich der Luftdruck an beiden Polen am höchsten sein würde, um nach dem Äquator hin ständig abzunehmen. Durch die Erdrotation wird die allgemeine Zirkulation dahin abgeändert, daß nur innerhalb eines Gürtels, der vom Äquator beiderseits bis 30° Breite reicht, ein geschlossener Kreislauf, das Passatsystem, zustandekommt, welches dem genannten Schema entspricht. Die am Boden dem Äquator zuströmenden Winde, aus ihrer ursprünglich meridionalen Richtung durch die Erdrotation abgelenkt, bilden den Nordostpassat der nördlichen und den Südostpassat der südlichen Halbkugel, über denen in der Höhe in gerade entgegengesetzter Richtung die Antipassate den Rücktransport der Luftmassen besorgen. Die Passate sind außerordentlich regelmäßige Erscheinungen, so daß das Klima der Tropen im Gegensatz zu dem höherer Breiten nur unbedeutenden Wechseln unterworfen ist (Fig. 7).

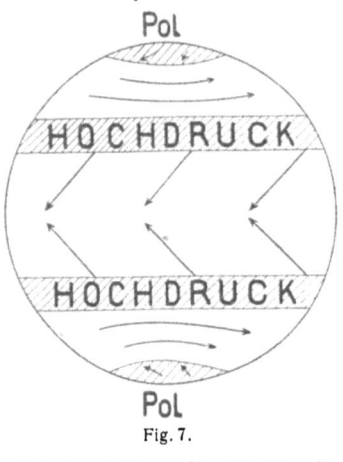

Fig. 7.

Ganz anders gestalten sich die Dinge in den gemäßigten Zonen der Erde. Auf beiden Halbkugeln finden wir zunächst bei 30° Breite (Roßbreiten) Gebiete hohen Luftdruckes, von denen die Passate ihren Ausgang nehmen. In Richtung auf die Pole zu schließen sich an die genannten Hochdruckzonen die großen Westwindtriften beider Halbkugeln an, die den Raum von etwa 40—70° Breite erfüllen. Sie werden in den unteren Schichten durch den Abfluß der Luft von den Hochdruckgürteln, in größerer Höhe auch durch die Antipassate gespeist, beide durch die Erdrotation aus der meridionalen in fast westöstliche Richtung abgelenkt. An Regelmäßigkeit und Beständigkeit kommen die Westwinde nicht im entferntesten den Passaten gleich, andererseits aber erlangen sie bisweilen große Kraft und sind damit befähigt, klimatische Einflüsse weit mit sich fortzutragen.

Diese zonale Anordnung der Luftdruck- und Windsysteme,

Tafel 1.

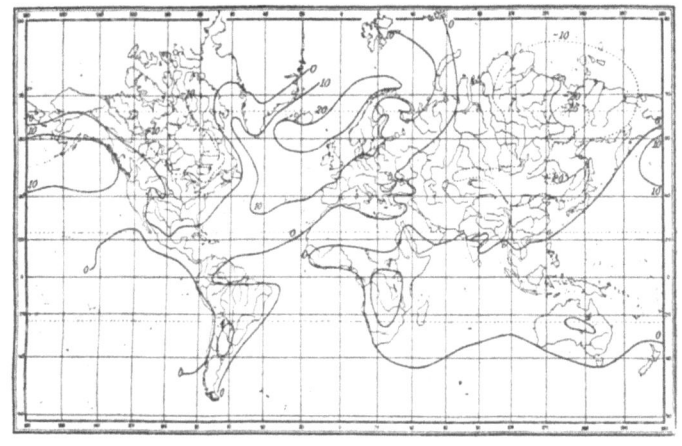

Isanomalen der Temperatur im Januar.

Die Linien stellen die Abweichungen der Temperatur von der Mitteltemperatur des Breitenkreises dar.

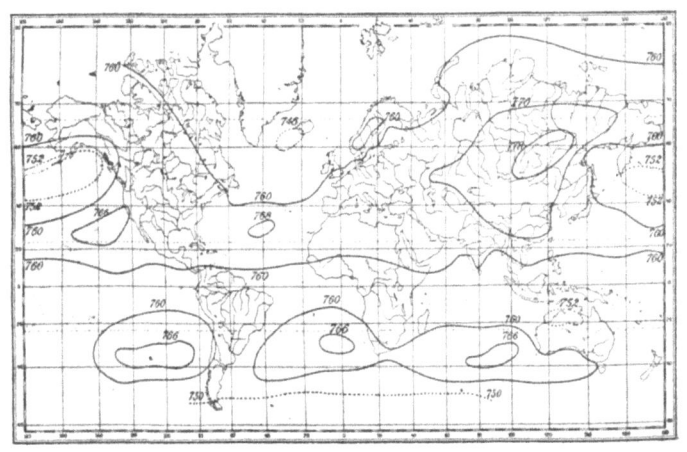

Isobaren im Januar.

wie sie der Erde als rotierendem Planeten zukommt, wird nun abgeändert durch die Verteilung von Land und Wasser. Im Sommer starke Erhitzung der Luft im Landinnern, im Winter ebenso kräftige Erkaltung schaffen die gewaltigen Temperaturschwankungen, welche nun ihrerseits auch auf die Luftdruckverteilung einwirken und dadurch die Windsysteme erheblich modifizieren, vgl. Tafel 1. Immerhin bleiben die Westwinde der gemäßigten Zonen so vorherrschend, daß ihre klimatische Bedeutung klar zutage tritt. Wir haben bereits die klimatische Begünstigung West- und Mitteleuropas im Winter als Folge der Westwinde kennengelernt und stellen nunmehr fest, daß überhaupt die westlichen Teile der Kontinente im Bereich der Westwindtrift durch deren Lufttransporte die mäßigenden Einflüsse der großen Weltmeere genießen, während die östlichen Teile die extremen Schwankungen der Landmassen voll auszukosten haben, s. die Isanomalenkarte auf Tafel 1.

Erst in neuerer Zeit ist klar erkannt worden, daß dem Wärmetransport nach höheren Breiten durch den Luftkreislauf der maßgebendste Einfluß auf die Abänderung des solaren Klimas zukommt. Das Endergebnis ist eine wesentliche Herabminderung der Temperaturgegensätze, wie sie nach den Strahlungsverhältnissen allein zwischen Äquator und Pol entstehen würden. Man kann die Wirkung der Luftbewegungen als einen Mischungsvorgang größten Maßstabes auffassen, welcher die Temperaturgegensätze schließlich ganz ausgleichen würde, wenn diese nicht immer von neuem wieder ins Leben gerufen würden.

b) Niederschlagsverteilung. Verwickelter als die Temperaturverteilung ist die Regenverteilung auf der Erde, von der wir deshalb an dieser Stelle nur in allergröbsten Umrissen ein Bild entwerfen können. Eine tropische Regenzone liegt da, wo die beiden Passate gegeneinander fließen, um am Wärmeäquator in eine aufsteigende Bewegung überzugehen. Das Passatgebiet ist im allgemeinen durch schönes Wetter gekennzeichnet, wenn auch Regen nicht ganz fehlen. Als regenfrei können dagegen die Hochdruckgebiete der Roßbreiten angesprochen werden, in denen sich absteigende Luftbewegungen entwickeln, welche die Luft austrocknen; diese Hochdruckgürtel beherbergen deshalb über den Festländern die Hauptwüstenzonen der Erde. Das ganze bisher geschilderte System einschließlich der Hochdruckgürtel schwankt mit dem höchsten Stand der Sonne jahreszeitlich hin und her, wodurch auch die Grenzen gegen die gemäßigten Zonen hin regelmäßig mit verschoben werden, so daß sie im Sommer den Polen näher liegen als im Winter. Beispielsweise haben die Mittelmeerländer trockenen Sommer und Winterregen. In den gemäßigten Zonen (40—70° Breite) kommen die Niederschläge meist in den wandernden Gebieten niedrigen Luftdrucks zustande, welche als Teilglieder des allgemeinen Luftkreislaufes aufzufassen sind. Eine deutliche Verknüpfung mit dem Sonnenstand ist hier nicht mehr zu verspüren, vielmehr fallen die Niederschläge zu allen Jahreszeiten, aber in unregelmäßigen, lediglich von den Luftdruckanordnungen abhängigen Abständen. Nach den Polen zu nehmen die Niederschlagsmengen im allgemeinen ab, weil die Luft bei den niedrigen Temperaturen nicht mehr viel Wasserdampf aufzunehmen vermag.

3. Gemeinsame Züge aller Klimate. In allen Klimaten werden die Niederschläge da verstärkt, wo die Luft durch Gebirge oder auch nur durch den Übertritt vom Meer zum Land (vermehrte Reibung) zum Aufsteigen genötigt wird. Auch regelmäßige Windveränderungen spiegeln sich in allen Klimaten in den Niederschlagsverhältnissen getreulich wider; als Beispiel seien die Monsunregen genannt. Endlich gibt es überall im täglichen Gang der Niederschläge einen Unterschied von Land- und Seeklima. Die Erwärmung des Landes um die Mittagszeit ruft aufsteigende Luftbewegungen hervor, die oft genug zur Niederschlagsbildung führen, deshalb findet man hier die Niederschläge vorzugsweise zur Zeit der größten Wärme, auf den Ozeanen sind dagegen die Niederschläge zur Nachtzeit häufiger.

Die *absolute* Feuchtigkeit der Luft ist sowohl hinsichtlich ihrer horizontalen Verteilung, als hinsichtlich des jährlichen Ganges sehr von der Temperatur abhängig, da ja die Aufnahmefähigkeit der Luft für Wasserdampf mit zunehmender Temperatur wächst, und Wasser zur Verdampfung fast überall, auch im Landinneren noch in bescheidenem Maße, zur Verfügung steht. Also finden wir im allgemeinen mit zunehmender Temperatur auch wachsende absolute Feuchtigkeit. Weil aber die Verdampfungsgeschwindigkeit dem Temperaturanstieg nicht Schritt hält, nimmt die *relative* Feuchtigkeit auf dem Lande gewöhnlich einen der Temperatur entgegengesetzten Verlauf, unter sonst gleichen Umständen nimmt sie auch mit der Entfernung vom Meere ab; auf den Ozeanen selbst hält sie sich nahezu gleich. Der Wind kann starke Abweichungen von diesen normalen Verhältnissen hervorbringen.

Wenn wir zum Schluß noch einmal zur Lufttemperatur zurückkehren, so sind bei ihr noch folgende klimatische Gesetzmäßigkeiten überall auf der Erde wiederzufinden. Der jahreszeitliche Verlauf der Temperatur ergibt eine zwischen großen Land- und Wasserflächen unterschiedliche Verspätung für die Umkehrpunkte der Temperaturkurve: in den gemäßigten Zonen finden wir normalerweise im Landinneren die höchsten Temperaturen etwa einen Monat, über den Meeren dagegen erst zwei Monate nach dem höchsten Sonnenstand. Die Eigenschaft des Wassers, sich nur langsam zu erwärmen und abzukühlen, vor allem aber die Übertragung der Wärmeänderungen auf große Wassermassen ruft, wie oben ausführlich dargelegt (S. 11), den ausgeglichenen Temperaturgang hervor, die Extreme kommen jeweils erst dann zustande, wenn Wärmeaufnahme und Abgabe einander gleich geworden sind. Der Einfluß der Bewölkung auf den täglichen und jährlichen Gang der Temperatur äußert sich ebenfalls in einer Abstumpfung der Temperaturschwankungen. Auch große Windgeschwindigkeiten gleichen die Temperaturunterschiede zwischen kalter und warmer Tageszeit aus, die bei Windstille und wolkenlosem Himmel (reinem Strahlungseffekt) ihre größten Beträge erreichen.

VII. WITTERUNGSKUNDE

1. Die synoptische Betrachtungsweise, die Wetterkarte. Nach langen vergeblichen Bemühungen, aus der zeitlichen Aufeinanderfolge der Beobachtungstatsachen *eines* Ortes zum Verständnis der einzelnen Witterungszustände zu gelangen, sind merkliche Fortschritte erst durch Einführung der „synoptischen" Methode erzielt worden, welche das gleichzeitig über größeren Erdräumen herrschende Wetter auf sog. Wetterkarten betrachtet.

Auf der Wetterkarte, von der Tafel 2 eine Probe bietet, sind die hauptsächlichsten Witterungselemente für einen bestimmten Zeitpunkt von einer großen Anzahl von Orten durch

Tafel 2.

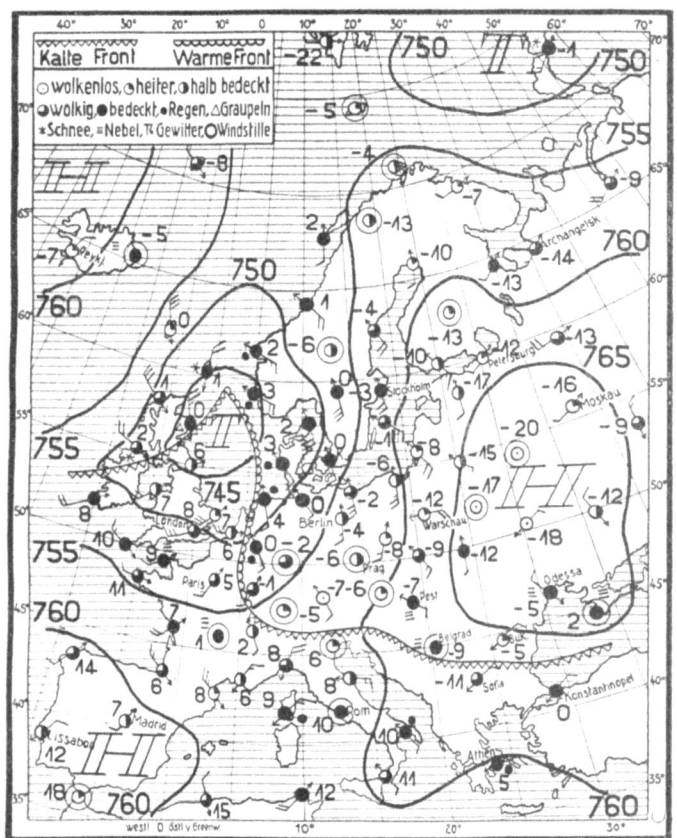

Beispiel einer winterlichen Wetterkarte.

Erläuterungen: Die bezifferten Linien stellen die Luftdruckverteilung dar. Neben den Ortskreisen stehenden Zahlen geben die Lufttemperatur in °C an. Die Windrichtung ist durch Pfeile kenntlich gemacht, die mit dem Winde fliegen, die Windstärke durch die mehr oder weniger zahlreiche Befiederung wiedergegeben, z. B. bedeutet ⸺ stürmischen Westwind, ⸺ schwachen Ostwind. Bei Windstille ist der Ortskreis von einem zweiten Kreis umschlossen.

einfache Zeichen dargestellt, die in und unter der Karte ihre Erläuterung finden. Die eingezeichneten Linien (Isobaren) verbinden die Punkte gleichen Luftdrucks, so daß sie die Druckverteilung genau so darstellen, wie die Linien gleicher Höhe auf einer Landkarte das Gelände. Die beobachteten Luftdruckwerte müssen zuvor mit Hilfe der barometrischen Höhenformel auf ein einheitliches Niveau (den Meeresspiegel) umgerechnet sein, weil nur die Druckunterschiede im gleichen Niveau Luftströmungen auslösen, auf deren Betrachtung es ganz wesentlich ankommt.

2. Hoch- und Tiefdruckgebiete, Beziehungen zwischen Luftdruckverteilung und Witterung. Die erste Erkenntnis der synoptischen Betrachtungsweise waren die engen Beziehungen

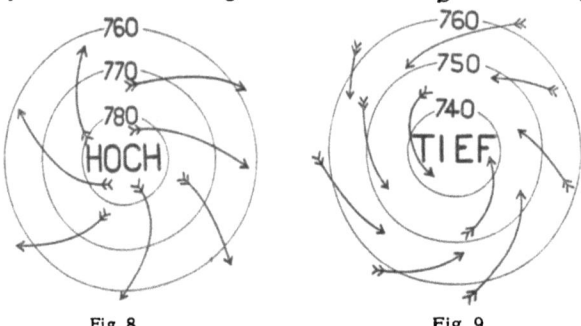

Fig. 8.   Fig. 9.

zwischen Luftdruckverteilung und Witterung. Die Hoch- und Tiefdruckgebiete (auch genannt Antizyklonen und Zyklonen) auf den Wetterkarten sind die Träger zweier entgegengesetzter Witterungstypen, wie sogleich aus folgender Überlegung erhellt. Vom Kern eines geschlossenen Hochdruckgebietes aus herrscht nach allen Richtungen hin Gefälle des Luftdrucks, demzufolge die Luft abfließt, um wegen Hinzutretens der ablenkenden Kraft der Erdrotation nach außen gerichtete spiralige Bahnen anzunehmen, s. Fig. 8. Sofern das Hochdruckgebiet durch das Abfließen der Luft aus seinem Inneren nicht sogleich erlischt — und die meisten Hochdruckgebiete halten sich mehrere Tage—, muß für die ausströmende Luft Ersatz geschaffen werden, der nur aus höheren Luftschichten kommen kann. Da wir aber die austrocknende Wirkung absteigender Luftbewegungen kennengelernt haben, verstehen wir sogleich, weshalb die Hochdruckgebiete die Träger des niederschlagsfreien und vielfach heiteren Wetters sind.

Für ein geschlossenes Tiefdruckgebiet brauchen wir die Betrachtungen einfach umzukehren: dem zum Kern des Tiefs gerichteten stärksten Gefälle (Gradienten) folgend setzen sich die äußeren Luftmassen in Bewegung, erreichen indessen wegen der Ablenkung durch die Erdumdrehung nur auf gekrümmter Bahn das Innere der Depression, s. Fig. 9. Da der Zustand des Einströmens bei gleichbleibendem tiefen Druck im Kern des Tiefs längere Zeit zu beobachten ist, bleibt nur die Annahme übrig, daß im Inneren der Tiefdruckgebiete die Luft nach oben abgeführt wird. Die aufsteigende Bewegung aber bedingt Wolkenbildung und Niederschläge, welche die regelmäßigen Begleiterscheinungen der Tiefdruckgebiete sind. Schnelle Vertiefung ihres Kernes und damit die Entstehung eines besonders steilen Gefälles sind die üblichen Ursachen unserer Stürme. In Verbindung mit den Luftdruckverhältnissen einer weiteren Umgebung, also mit der Druck*verteilung*, aber auch nur *mit dieser*, behält daher das Barometer seine Bedeutung als „Wetterglas"; denn da die Luftdruckgebilde wandern, lassen sich aus den Barometerablesungen Schlüsse auf die Bewegung der Schön- und Schlechtwettergebiete ziehen.

Da die Tiefdruckgebiete die beweglicheren sind, hat man ihnen in erster Linie sein Augenmerk zugewandt. Die meisten von ihnen, die unsere Witterung angehen, schließen sich dem allgemeinen Luftkreislauf an und wandern über die nördliche Hälfte Europas von Südwest nach Nordost oder von West nach Ost, wenige nur besuchen gelegentlich das mittlere Europa. Indessen ist auch bei der Bewegung der Zyklonen die Abweichung von der mittleren Bahn fast die Regel, weshalb man ihren früher festgelegten Zugstraßen heute keine Bedeutung mehr beimißt. Auch bezüglich der Verteilung der Witterung im Tiefdruckgebiet haben sich im Laufe der Zeit durch Erweiterung unserer Kenntnisse die Anschauungen geändert. Während man früher eine ziemlich symmetrische Anordnung der Witterungszustände um den Kern des Tiefdruckgebiets annahm, das schlechteste Wetter in seiner Mitte, nach außen hin allmähliche Abnahme von Wolken und Niederschlägen, hat man sich jetzt daran gewöhnt, jedes Tiefdruckgebiet nach seinem individuellen Aufbau zu betrachten. Gewisse schematische Fälle, die dabei natürlich auch zutage getreten sind, sollen nachher behandelt werden.

Obwohl die Luftdruckverteilung unendliche Mannigfaltigkeit zeigt, lassen sich doch gewisse Hauptformen oft wiederfinden. Neben den rundlichen Luftdruckgebilden fallen besonders die ihnen gleichsam als Auswüchse anhängenden Teilbildungen auf, von denen wieder die schmaleren und spitz zulaufenden Gebiete niedrigeren Drucks, die V-förmigen Depressionen, und die entsprechenden Ausläufer höheren Drucks, die Hochdruckkeile, die meiste Beachtung finden, zumal sie leicht auffindbare und erklärliche Witterungswechsel mit sich bringen. Die Einzelheiten darüber müssen natürlich den speziellen Büchern über Witterungskunde vorbehalten bleiben.

3. Wesen der Hoch- und Tiefdruckgebiete, Polarfronttheorie.
Sobald man den Zusammenhang zwischen Luftdruckverteilung und Wetter erkannt hatte, richtete sich das Bestreben darauf, die Ursachen für die Hoch- und Tiefdruckgebiete zu ergründen. Obwohl nun an diesem Problem in den letzten Jahrzehnten eifrigst gearbeitet wurde, ist bisher seine Lösung nur teilweise gelungen. Was wir in der Druckverteilung am Erdboden als Hoch- und Tiefdruckgebiete sehen, ist nämlich der Effekt der druckbildenden Vorgänge aller darüber liegenden Schichten der Atmosphäre. Nach Ausweis der Beobachtungen lassen sich nun die Druckschwankungen zunächst einmal in zwei Sorten zerlegen; in solche, die nur in den unteren Atmosphärenschichten erzeugt werden, und solche, bei denen neben jenen die Vorgänge der höheren Schichten ausschlaggebend mitbeteiligt sind. Unter unteren Schichten sind hierbei die Höhen bis zu 4 oder 5 km über dem Erdboden zu verstehen, unter den höheren alles, was darüber liegt. Da wir durch Messungen auf Bergen und in der freien Atmosphäre einigermaßen in der Lage sind, die unteren Schichten zu überwachen, wissen wir, daß die hier erzeugten Druckschwankungen in der Hauptsache auf Verschiebung verschieden temperierter Luftmassen zurückzuführen sind. Kalte Luft ist schwerer als warme, wo also warme Luft infolge von horizontalen Luftbewegungen durch kalte Luft ersetzt wird, steigt der Luftdruck am Erdboden und umgekehrt. Daneben müssen dynamische Effekte bei den Luftwirbeln kräftiger Zyklonen noch Einfluß auf den Luftdruck gewinnen.

Von den Ursachen der Druckänderungen in größeren Höhen haben wir fast gar keine sicheren Kenntnisse. Die Annahme, daß es sich hier ebenfalls um Bewegungen verschieden temperierter Massen handelt, ist naheliegend, in vielen Fällen scheint es sich aber um Deformationen der oberen Grenze der Atmosphäre zu handeln, also um Senkungen und Erhebungen ihrer Oberfläche, welche auch ähnlich denen einer unruhigen Wasserfläche wellenartig fortschreiten. Je nachdem die Druckänderung der höheren und unteren Schichten in gleichem oder entgegengesetztem Sinne erfolgen, summieren sie sich oder heben sich auf; und wenn wir weiter bedenken, daß die Gebiete fallenden und steigenden Luftdrucks unten und oben verschiedene Gestalt, Größe, Fortpflanzungsrichtung und Geschwindigkeit haben können, sehen wir unbegrenzte Möglichkeiten zur Entstehung der mannigfaltigsten Druckbilder vor uns. Wahrscheinlich dürfen wir eben gar nicht erwarten, einheitliche Ursachen für die Hochs und Tiefs unserer Wetterkarten zu finden, sondern müssen eine ganze Reihe von solchen zulassen. Aus diesem Grunde war es auch abwegig, die Hochs und Tiefs einseitig als die Erzeuger der Witterungserscheinungen anzusehen, da diese Druckgebilde teilweise nur Begleiterscheinungen anderer Vorgänge sind, welche selbst das Zustandekommen mancher Witterungserscheinungen schon hinlänglich und sogar besser erklären. Das trifft namentlich für die niedrigen Druckgebilde zu.

Wie die Temperaturverteilung in der unteren Hälfte der Troposphäre an der Entstehung der niedrigen Druckgebilde in erster Linie beteiligt ist, war schon auseinandergesetzt; das richtige Verständnis der Witterungsverhältnisse in diesen niedrigen Druckgebilden bringt jedoch erst die Betrachtung der verschieden temperierten Luftmassen und ihres Verhaltens selbst.

Gewöhnlich ist der Übergang von Kalt zu Warm im Luftmeer nicht, wie es dem solaren Klima entsprechen würde, ganz allmählich, vielmehr haben die der Erdoberfläche auflagernden Kaltluftvorräte, die sich in polaren Gegenden oder im Winter auf großen Landmassen der höheren Breiten sammeln, meist eine scharfe Begrenzung gegen die wärmere Luft hin. Man hat diese Grenzlinie Polarfront genannt und gefunden, daß an ihr oder in ihrer Nähe mit Vorliebe die Zyklonen entstehen oder wandern (Polarfronttheorie).

Bei genauerer Untersuchung einer rasch beweglichen Zyklone stellt sich dann im schematischen Fall heraus, daß die Grenzlinie zwischen kalter und warmer Luft einen charakteristischen Verlauf nimmt, wie er in beistehender Figur 10 wiedergegeben ist. In eine Ausbuchtung der Polarfront KZW hinein springt ein Teil der warmen Luftmasse, der sog. warme Sektor, hinter diesem (in der Zeichnung links von ihm) stößt die kalte Luft um so kräftiger vor, während sie sich vor ihm (rechts) zurückzieht. Von größter Wichtigkeit für das Wetter werden nun die Dinge, die sich an den Grenzflächen zwischen der warmen und kalten Luft abspielen. Von der Grenzlinie zwischen Kalt und Warm, die wir an der Erdoberfläche beobachten, wächst die Mächtigkeit der kalten Luft keilförmig an, so wie es ein darunter skizzierter Vertikalschnitt durch die Figur längs der Linie SS erkennen läßt. Da nun ferner die Grenzlinien der Temperatur zugleich solche verschiedener Windrichtung sind, ergeben sich Vertikalbewegungen folgender Art an den Grenzflächen der verschieden temperierten Luftkörper.

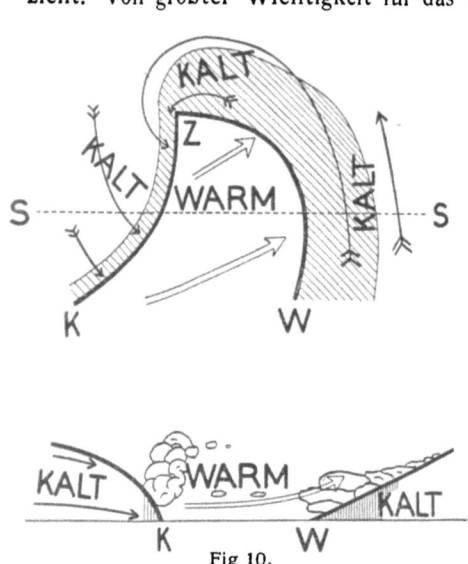

Fig 10.
Die Pfeile bedeuten Strömungslinien der Luft, die Schraffierungen Niederschlagsgebiete.

Die warme Luft, welche der vor ihr liegenden kälteren in die Flanke fällt, gleitet an deren langsam ansteigender Grenzfläche wie an einem Gebirge aufwärts, wodurch eine breite Zone mit Bewölkung und Niederschlägen (Landregen) erzeugt wird. Mit dem Eintritt in den warmen Sektor ändert sich das Wetter ziemlich plötzlich, neben dem Temperaturanstieg bemerken wir ein Aufbrechen der Wolkendecke und haben wechselnde Bewölkung ohne Niederschläge, bis die Front der kalten Luftmassen von rückwärts herankommt. Beim Einbruch dieser kalten Luft ergeben sich wieder ganz charakteristische Witterungserscheinungen, da die kalten schweren Luftmassen sich unter die wärmeren unterschieben und jene empordrängen. Dieser Vorgang vollzieht sich in unruhigerer und heftigerer Weise, die kalte Luft stürzt mit einer Böe herein, die aufgeworfenen wärmeren Luftmassen türmen sich zu Cumulo-Nimbus-Wolken, aus denen kurze Schauer niedergehen. Die Niederschlagszone hinter der Böenlinie ist deshalb gegenüber der Landregenzone vor der warmen Front nur schmal, bald nach ihrem Vorübergang setzt das wechselnde böige Wetter der Zyklonenrückseite ein, welches der starken vertikalen Temperaturabnahme mit der Höhe entspricht, wie sie durch Anwärmung der Bodenschicht des kalten Luftkörpers zustandekommt.

Mit besonderem Nachdruck muß nochmals betont werden, daß sich das hier geschilderte schematische Bild nur bei den wenigen Zyklonen mit warmem Sektor vorfindet, welche zugleich die rasch wandernden sind. Da nun die schneller um den Kern der Zyklone herumschwenkende kalte Front die warme gewöhnlich bald einholt, wird der warme Sektor schmaler und schmaler, bis er bei Vereinigung der vorher durch ihn getrennten kalten Luftmassen am Erdboden verschwindet. Von diesem Zeitpunkt an füllt sich die Zyklone auf und verlangsamt ihre Bewegung; die warme Luft, welche nur vom Erdboden abgehoben ist, findet sich indessen noch in der Höhe, und weitere Emporhebung derselben führt auch noch zu Wolkenbildung und Niederschlägen.

An einem gut ausgebildeten Stück Polarfront entstehen gewöhnlich mehrere Zyklonen der Reihe nach, wandern der Polarfront entlang, um, wenn die Schließung ihres warmen Sektors erfolgt ist, zu erlöschen. Je nach dem Entwicklungsstadium ist natürlich der Aufbau einer Zyklone und deshalb die Verteilung der einzelnen Witterungserscheinungen in ihrem Bereich für jede Zyklone etwas anders, so daß man nicht erwarten darf, allgemein gültige Regeln für ihr Verhalten zu finden. Jedenfalls muß nochmals das eine hervorgehoben werden, daß die Zyklonen nicht in ihrem ganzen Umfang Schlechtwettergebiete sind; die aufsteigende Luftbewegung, die man früher nach roh gezeichneten Karten der Luftströmungen für die ganze Zyklone ansetzte, beschränkt sich, wie es an dem Beispiel der Zyklone mit warmem Sektor ausführlich erörtert wurde, auf Teile derselben. Es hat deshalb nicht an Stimmen gefehlt, welche die Luftdruckverteilung als gänzlich nebensächlich und unbeteiligt hinstellen und nur der Bewegung der warmen und kalten Luftströme Bedeutung für das Wetter zuerkennen wollten. Demgegenüber machen aber gerade die neuesten Forschungen wahrscheinlich, daß zahlreiche Druckschwankungen ihren Sitz in hohen Schichten der Atmosphäre haben, und daß die niedrigen Steig- und Fallgebiete des Luftdrucks, wie sie durch die Bewegungen kalter und warmer Luftströme in den unteren 5 Höhenkilometern erzeugt werden, wohl erst Folgeerscheinungen der höheren Druckschwankungen sind.

Während das Eindringen in weitere Einzelheiten den speziellen Darstellungen der Witterungskunde vorbehalten bleiben muß, sind hier noch einige Worte über die sog. Erhaltungstendenz des Wetters am Platze.

4. Aktionszentren der Atmosphäre. Trotz aller Veränderlichkeit von Tag zu Tag behält die Witterung zumeist längere Zeit hindurch einen bestimmten Grundcharakter bei, wie beispielsweise Trockenheit im Sommer, strenge Kälte im Winter und dergleichen. Betrachten wir die nach solchen Gesichtspunkten abgegrenzten Witterungsperioden im Zusammenhang mit der Luftdruckverteilung, so sehen wir Verlagerungen der sog. Aktionszentren der Atmosphäre. Mit diesem Namen hat man die hauptsächlichsten Luftdruckgebilde der Erde bezeichnet, von denen für Europa das Hochdruckgebiet bei den Azoren, das winterliche Hochdruckgebiet Asiens und das Tiefdruckgebiet bei Island die größte Bedeutung besitzen, vgl. die Isobarenkarte auf Tafel 1. Wie nun deren mittlere Lage in der Klimatologie eine große Rolle spielt, so sind ihre Verlagerungen aus der Mittellage heraus oder auch die Verstärkung oder Abschwächung, Ausdehnung oder Schrumpfung dieser Aktionszentren das Kennzeichen für länger anhaltende abnorme Witterungstypen. Als wichtigste Beispiele mögen nur aufgeführt werden: eine Verstärkung und Ausdehnung des isländischen Tiefdruckgebiets im Winter vermehrt die Zufuhr südwestlicher Winde über der Nordwesthälfte Europas und bringt milde Winter, dagegen fließen bei einem Vorrücken des winterlichen sibirischen Hochdrucks nach Nordrußland die kalten Luftmassen des asiatischen Kontinents nach Mitteleuropa; wir haben dabei strenge Winter mit Ostwinden. Sommerliche Trockenzeiten bei uns sind gewöhnlich auf die Verlagerung des Azorenhochs in Richtung auf Mitteleuropa zurückzuführen.

5. Wettervorhersage. Nachdem es durch die synoptische Methode gelungen ist, einigen Einblick in das Zustandekommen der Witterung zu gewinnen, lag es nahe, mit ihrer Hilfe auch das Problem der Wettervorhersage in Angriff zu nehmen. Dazu war nur erforderlich, durch Verwendung telegraphischer, neuerdings funkentelegraphischer Meldungen sich auf raschestem Wege einen Überblick über die gleichzeitigen Witterungsvorgänge über größeren Erdräumen zu verschaffen. Die Schlüsse auf die Fortentwicklung werden teils nach Erfahrungsregeln gemacht, teils aus Überlegungen über die Auswirkung einmal eingeleiteter Prozesse und deren Fortschreiten auf der Erde gewonnen. In jedem Falle ist das nur durch genaues Studium aller Beobachtungstatsachen zu gewinnende Verständnis der jeweiligen Wetterlage Grundbedingung für Aufstellung einer Vorhersage, infolge des verwickelten Ineinandergreifens mehrerer Vorgänge und des Hinzutretens neuer, der Beobachtung nicht zugänglicher Erscheinungen gelingt es im allgemeinen nur Vorhersagen auf 1—2 Tage mit einiger Treffsicherheit abzugeben.

Eine exakte Berechnung einer Wetterlage aus der vorangegangenen ist nach dem jetzigen Stand der Wissenschaft nicht möglich und würde, wenn sie gemacht werden könnte, wohl zu langwierig ausfallen, um noch praktische Verwendung zu finden. Vom rein wissenschaftlichen Standpunkt aus wäre deshalb die interne Behandlung des Problems in den wissenschaftlichen Instituten das richtigere; das praktische Leben verlangt aber so dringend nach Vorhersagen, daß deren Bekanntgabe notwendig wird, und die Erfahrung lehrt, daß auch mit der noch keineswegs vollkommenen Vorhersagemethode schon großer Nutzen gestiftet werden kann. Alle Versuche, mit Universalregeln das Problem der Wettervorhersage zu lösen, entbehren ausreichender wissenschaftlicher Grundlage, so vor allem auch die Meinung, aus den Mond- oder Planetenstellungen Rückschlüsse auf die Gestaltung der Witterung ziehen zu können.

VIII. METEOROLOGISCHE INSTRUMENTE

1. Barometer. Das Quecksilberbarometer zur Bestimmung des Luftdrucks (erfunden im Jahre 1643 von Toricelli) besteht aus einem etwa 85 cm langen einseitig geschlossenen Glasrohr, in welches man Quecksilber hineingefüllt hat. Sorgt man dafür, daß beim Eingießen des Quecksilbers alle Luft aus dem Rohr verschwindet, kehrt dann das Rohr ohne Quecksilberverlust um und bringt es mit dem offenen Ende in ein anderes Gefäß mit Quecksilber (Gefäßbarometer, Fig. 11), so wird das Quecksilber im Rohr vom äußeren Luftdruck am Ausfließen in das Gefäß gehindert. Im geschlossenen Ende bildet sich über der Quecksilberoberfläche ein luftleerer Raum (Vakuum), so daß auf dieser Seite des Quecksilbers keinerlei Druck wirkt. Der Druck der Außenluft setzt sich von der Quecksilberoberfläche im Gefäß in das Rohr hinein fort; zwischen dem Gewicht der Quecksilbersäule im Rohr und dem Druck der Außenluft auf die Quecksilberoberfläche im Gefäß stellt sich Gleichgewicht her. In der Länge der im herausragenden Rohr stehenden Quecksilbersäule b hat man somit ein Hilfsmittel zur Messung des Luftdrucks. Um den Temperatureinfluß auf die Länge der Quecksilbersäule auszuschalten, wird es notwendig, deren Länge mit Hilfe des bekannten Ausdehnungskoeffizienten des Quecksilbers auf gleiche Temperatur umzurechnen; man nennt diese Umrechnung Reduktion auf 0^0.

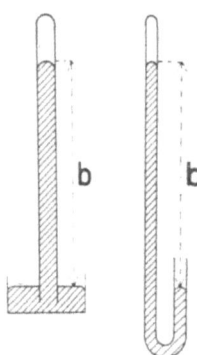

Fig. 11.   Fig. 12.

Zur Messung der mit dem Luftdruck im Gleichgewicht befindlichen Quecksilbersäule kommt es also darauf an, den Abstand b (Fig. 11) der beiden Quecksilberoberflächen im Gefäß und im Rohr genau zu bestimmen. Die besten Barometer gestatten dies durch besondere Meßmethoden mit einer bis auf 0,01 mm gehenden Genauigkeit; bei den in der Beobachtungspraxis verwendeten „Stationsbarometern" vereinfacht man jedoch die Messung durch Kunstgriffe: entweder man gibt dem Gefäß einen im Vergleich zum Rohr recht weiten Durchmesser, so daß die Quecksilberoberfläche im Gefäß bei ihren Schwankungen sich nicht nennenswert vom Nullpunkt der Meßskala entfernt, oder man berücksichtigt bei der Teilung der Meßskala das Verhältnis der Querschnitte von Rohr und Gefäß und macht die Skalenteilung nicht genau nach metrischem Maß, sondern entsprechend jenem Verhältnis kleiner. In beiden Fällen genügt die einfache Ablesung des Standes der Quecksilberoberfläche im Rohr an der Skala, die mit Hilfe eines Nonius leicht auf Zehntel-Millimeter genau vorzunehmen ist.

Auch bei dem sog. Heberbarometer (Fig. 12), bei welchem das Rohr nicht in ein Gefäß taucht, sondern zu einem offenen Schenkel umgebogen ist, kommt es auf die Bestimmung des Abstandes beider Quecksilberoberflächen an, jedoch ist hierbei wegen der beträchtlichen Schwankungen des Quecksilberstandes im offenen Rohr auch dessen Ablesung notwendig.

Handlichere, aber unzuverlässigere Instrumente zur Luftdruckbestimmung sind die sog. Aneroidbarometer. Bei ihnen läßt man den Luftdruck von außen auf eine fast luftleere metallische Dose mit dünner biegsamer Wandung wirken, während zur Gegenwirkung gegen den äußeren Druck innen eine Feder gespannt ist. Durch Übertragung der Hebungen und Senkungen der Dosenwandung, welche von Veränderungen des äußeren Luftdrucks hervorgerufen werden, mittels eines Hebelwerkes auf einen Zeiger, gewinnt man die Möglichkeit, Luftdruckwerte direkt auf einer Skala abzulesen. Läßt man ferner unter dem mit einer Schreibfeder versehenen Zeiger eine mit Teilung versehene Uhrtrommel rotieren, so ist damit ein den Luftdruck selbsttätig aufzeichnendes Instrument, der Aneroidbarograph, geschaffen. Übrigens findet beim Barographen gewöhnlich ein System von mehreren Dosen Verwendung. Dem Quecksilberbarometer gegenüber sind die Aneroidbarometer deswegen unterlegen, weil die Reibungswiderstände im Hebelwerk wechseln und kein Verlaß auf die Spannfeder im Inneren ist, welche infolge von Alterserscheinungen oder bei plötzlicher Beanspruchung ihre Spannkraft ändern kann. Beobachtungen mit Aneroidbarometern müssen deshalb an solche mit Quecksilberbarometern angeschlossen und durch diese kontrolliert werden, doch leisten die Aneroidbarometer und namentlich die Barographen zur Verfolgung von Druck*änderungen* sowie zur Höhenbestimmung in Luftfahrzeugen sehr brauchbare Dienste.

2. Bestimmung der Lufttemperatur. Das Hauptproblem bei der Bestimmung der Lufttemperatur besteht darin, das Thermometer vor den Einwirkungen fremder Temperatureinflüsse, vor allem vor der Wärmestrahlung der Sonne und anderer Körper zu schützen. Am besten wird dieses Problem durch die Methode der Aspiration gelöst, welche einem vor Strahlung geschützten Thermometerkörper durch einen Ventilator (Aspirator) ständig neue Luft aus der Umgebung mit gleichmäßiger Geschwindigkeit von einigen m/s zuführt. Da diese Instrumente indessen kostspielig und empfindlich sind, behilft man sich an den gewöhnlichen meteorologischen Beobachtungsstationen mit Aufstellung der Thermometer in geräumigen, gut luftdurchlässigen und weißgestrichenen Holzhütten, Abbildung auf Tafel 3. In diesen finden außer dem gewöhnlichen Thermometer auch die Extremthermometer Platz, von denen das Maximumthermometer den höchsten, das Minimumthermometer den niedrigsten Stand der Temperatur seit der letzten Einstellung erkennen läßt. Die gebräuchlichsten Instrumente zur selbsttätigen Aufzeichnung der Temperatur (Thermographen) sind ganz nach dem Prinzip der Barographen gebaut, als Thermometerkörper wird bei ihnen ein Bimetallthermometer oder ein mit Alkohol gefülltes schwachgekrümmtes Gefäß (Bourdonrohr) verwendet. Auch die ·Thermographen sind zur Bestimmung des absoluten Wertes der Temperatur nicht recht geeignet und dienen mehr der Aufzeichnung ihrer Schwankungen; selbstverständlich müssen auch sie in den Hütten untergebracht werden.

3. Bestimmung der Luftfeuchtigkeit. Von den vier Methoden zur Feststellung des Feuchtigkeitsgehaltes der Luft, die es gibt, sollen hier nur die beiden wichtigsten beschrieben werden, da sie in der Beobachtungspraxis fast allein in Anwendung sind. Bei der Psychrometer-Methode liest man gleichzeitig mit der Lufttemperatur an einem gewöhnlichen (dem „trocknen") Thermometer ein zweites Thermometer ab, dessen Gefäß mit einem angefeuchteten dünnen Stoffbezug umgeben ist (feuchtes Thermometer). Je geringer die relative Feuchtigkeit der Luft, um so lebhafter wird die Verdamp-

Tafel 3.

fung von der feuchten Thermometerkugel sein, wobei die zur Verdampfung aufgebrauchte Wärme zum Teil dem Thermometerkörper entnommen wird. Der Unterschied zwischen dem Stand des trocknen und feuchten Thermometers ergibt somit ein Maß für die Werte der relativen Luftfeuchtigkeit, welche für alle vorkommenden Unterschiede zwischen den Thermometerständen in Tabellenwerken berechnet vorliegen. Da die Verdampfungsgeschwindigkeit auch von der Windstärke abhängt, schaltet man deren Einfluß zweckmäßig durch die schon beschriebene Methode der Aspiration aus, mit deren Hilfe sich stets die gleiche Luftbewegung am feuchten Thermometer erzeugen läßt.

Mit dem Namen Hygrometer bezeichnet man einen Feuchtigkeitsmesser, dessen wirksames Organ ein Frauenhaar ist. Dieses ist derart hygroskopisch, daß mit wachsender relativer Feuchtigkeit seine Länge zunimmt. Leicht lassen sich die Längenänderungen eines gespannten Haares auf ein Hebelwerk und mittels dessen auf einen Zeiger übertragen, welcher direkt die relative Feuchtigkeit angibt. Die Umgestaltung zum Registrierinstrument geschieht wieder nach dem Prinzip des Barographen. Auch Hygrographen dienen aber lediglich zur Festlegung des Ganges der relativen Feuchtigkeit; jedes Hygrometer bedarf ständiger Kontrolle durch das Psychrometer und häufiger Neueichungen.

4. Niederschlagsmessungen. Während man für die Messung der feinsten Niederschläge, wie Tau, Reif, nässender Nebel usw. keine befriedigende Methode kennt, gestaltet sich die Mengenbestimmung der stärkeren Niederschläge sehr einfach. An windgeschütztem, aber trotzdem nicht von Bäumen oder Gebäuden eingeengtem Platze stellt man den Regenmesser auf, der in der Hauptsache aus einem blechernen Auffanggefäß von bestimmter Öffnung besteht. Bei der verbreitetsten Form des Regenmessers, vgl. Tafel 3, fließt das aufgefangene Wasser zur Verhinderung der Verdampfung durch engen Abfluß in eine Sammelkanne, welche dann in ein mit Teilung versehenes Meßglas zu entleeren ist. Die Angabe der Regenhöhe in mm besagt, daß der Boden in der genannten Höhe mit Wasser bedeckt sein würde, wenn vom gefallenen Regen nichts verdunstet, nichts abgeflossen und nichts in den Boden eingesickert wäre. Wie man leicht nachrechnen kann, entspricht ein Millimeter Regenhöhe einem Liter Wasser pro qm. Die Messung der festen Niederschläge erfolgt ebenfalls mit dem Regenmesser, nachdem man die in ihm aufgefangenen Schnee- oder Eismengen zuvor geschmolzen hat. Die einfachste Art der Registrierung des Regens besteht darin, daß man das Wasser aus dem Auffanggefäß in ein Sammelgefäß leitet, welches einen Schwimmer enthält. Die Stellung des Schwimmers läßt man durch eine mit ihm verbundene Schreibfeder auf dem über eine Uhrtrommel gespannten Registrierpapier aufzeichnen. Eine andere Registriermethode besteht darin, daß man nach Ansammlung einer bestimmten kleinen Menge Wassers einen elektrischen Kontakt schließen läßt und durch zeitliche Aufeinanderfolge und Zahl der Kontakte Stärke und Menge des Niederschlags bestimmt.

5. Windmessungen. Während zur Bestimmung der Bodenwind*richtung* Windfahnen und Wimpel in freier Aufstellung einfache und bequeme Hilfsmittel darbieten, ist die Bestimmung der Wind*geschwindigkeit* mit größeren Schwierigkeiten verknüpft. Für meteorologische Zwecke sind am meisten die Schalenkreuzanemometer im Gebrauch, eine Art Windräder mit senkrecht stehender Drehungsachse und vier Speichen, die am Ende vier im Drehungssinn nach gleicher Seite geöffnete Halbkugelschalen tragen, vgl. Tafel 3. Der Wind übt auf die ihm zugewandte konkave Seite einer Halbkugelschale einen stärkeren Druck aus als auf die konvexe der gegenüberstehenden Halbkugelschale und setzt somit das Schalenkreuz in Umdrehung, stets im selben Sinne, gleichviel aus welcher Richtung der Wind weht, und um so schneller, je größer die Geschwindigkeit des Windes ist. Ein an die Drehungsachse angeschlossenes Zählwerk gestattet die Zahl der Umdrehungen in einer bestimmten Zeit und damit, nach Eichung des Apparates, die Windgeschwindigkeit abzulesen. Ein gewisser Nachteil der Schalenkreuzanemometer besteht darin, daß sie wegen der Trägheit des rotierenden Systems die Schwankungen in der Windstärke ausgleichen und nur Mittelwerte aus gewissen Zeitintervallen liefern. Unter den Apparaten, welche Momentanwerte der Windgeschwindigkeit abzulesen gestatten, ist das einfachste die Windstärketafel, welche aus einer um horizontale Achse beweglichen frei hängenden Platte besteht, die, von der Windfahne senkrecht zur Windrichtung gestellt, vom Wind aus ihrer Ruhelage herausgedrückt wird, vgl. Tafel 3. Die Winddrucke werden in Windgeschwindigkeit umgerechnet; letztere werden allgemein in m/s angegeben.

6. Ausrüstung von Observatorien. Wenngleich hier das Instrumentarium eines meteorologischen Observatoriums natürlich nicht näher beschrieben werden kann, so dürfte doch ein kurzer Überblick über die Ausrüstung solcher Institute willkommen sein. Der Hauptzweck der Observatorien ist der, mit verfeinerten Apparaten den Ablauf aller meteorologischen Elemente aufs genaueste zu verfolgen und festzulegen. Aus diesem Grunde treten zu den bereits beschriebenen zunächst noch vollkommenere Registrierinstrumente für den Luftdruck und den Wind hinzu; auch werden anstatt der Stationsbarometer sog. Normalbarometer zur möglichst genauen Bestimmung des Luftdrucks verwandt. Um den Wärmeumsatz im Erdreich verfolgen zu können, werden Messungen der Temperatur durch besondere Erdbodenthermometer von der Bodenoberfläche an bis zu etwa 12 m Tiefe vorgenommen, mitunter wird auch hierbei registriert.

Eine verhältnismäßig schwierige Aufgabe ist die Messung der Sonnenstrahlung. Neben Apparaten, welche nur die Zeit des Sonnenscheins durch dessen Licht- oder Wärmewirkung (im letzten Fall als Brennspur) aufzeichnen, hat man andere, welche die von der Sonne eingestrahlte Energiemenge absolut zu messen gestatten. Das Prinzip dieser Apparate beruht darauf, die Temperaturerhöhung eines von der Strahlung getroffenen schwarzen Körpers genau (meist unter Benutzung elektrischer Methoden) zu messen und daraus unter Berücksichtigung seines Wärmeverlustes an die Umgebung die aufgenommene Wärmemenge zu bestimmen. Erhält man damit die Gesamtenergie der Sonnenstrahlung, so ist es mit dem Bolometer auch möglich, die Intensität jeder Strahlenart oder Wellenlänge des Sonnenspektrums zu messen. Wieder anderes Instrumentarium dient zu Helligkeitsmessungen, die neuerdings in der medizinischen Klimatologie eine große Rolle spielen, ferner zur Untersuchung der Polarisation des Himmelslichtes und zur Bestimmung der Sichtweite, deren Zusammenhänge mit den Wetterlagen man ebenfalls erst in jüngster Zeit zu erkennen beginnt.

Ein Spezialgebiet stellt die Luftelektrizität dar, als deren Hauptelemente das Potentialgefälle, die Leitfähigkeit der Luft sowie die Eigenladung der Niederschläge bestimmt werden. Die bisherigen Ergebnisse sprechen jedoch in der Hauptsache dafür, daß die Besonderheiten im elektrischen Verhalten der Atmosphäre mehr Folgeerscheinungen der Witterungszustände sind, als daß sie ihrerseits jene beeinflussen.

Da früher die Wolken fast die einzige Möglichkeit zur Erforschung der höheren Luftschichten darboten, hat man ihnen besondere Beachtung geschenkt und ihre Zugrichtung, Geschwindigkeit, vor allem aber auch durch Winkel- und Entfernungsmessungen sowie durch photogrammetrische Methoden ihre Höhe fleißig bestimmt. Heute haben wir weit zahlreichere und bessere Hilfsmittel zur Gewinnung von Beobachtungen aus der freien Atmosphäre. Mit Drachen und Ballons werden meteorologische Registrierinstrumente in die Höhe geschickt, um möglichst regelmäßige Aufschlüsse über die Bewegungs-, Temperatur- und Feuchtigkeitsverhältnisse der oberen Luftschichten zu erhalten. In den letzten Jahren haben sich den Hilfsmitteln meteorologischer Forschung auch schnellsteigende Flugzeuge hinzugesellt, die den Vorteil haben, außer den Registrierinstrumenten einen Beobachter mit in die Höhe nehmen zu können, der die Sichtverhältnisse prüft und Einblick in den Aufbau der Wolkenformation bekommt. Aus den Höhen über 6 km liefert freilich der freifliegende Registrierballon, dessen Instrumente vom Finder dem Observatorium zurückgesandt werden müssen, noch heute die einzigen Stichproben. Nicht mehr auf Observatorien beschränkt, sondern viel allgemeiner angewandt ist die Höhenwindmessung durch kleine Pilotballons, die mit einem Theodolithen vom Aufstiegsort aus verfolgt werden. Da infolge konstanter Steiggeschwindigkeit ihre Höhe zu jeder Zeit bekannt ist, kann man durch einfache Winkelablesungen Windrichtung und Windgeschwindigkeit in den von ihnen durchflogenen Schichten ermitteln.

IX. BEOBACHTUNGSMETHODEN

1. Beobachtungsstationen und Netze. Das Ideal der Meteorologie, an jeder wichtigen Stelle der Erde ein Observatorium zu haben, ist leider unerfüllbar. Jedes Land unterhält gewöhnlich nur ein oder wenige Observatorien und kaum *ein* Observatorium bewältigt das ganze zuvor aufgezählte ausführliche Programm. Für die große Mehrzahl der Untersuchungen ist man daher auf die Beobachtungsergebnisse der gewöhnlichen meteorologischen Stationen angewiesen, die an Instrumenten meist nur Barometer, Thermometer, Psychrometer und Regenmesser haben. Warten dieser Art, welche früher fast nur klimatologischen Zwecken dienten, neuerdings aber auch für den praktischen Wetterdienst arbeiten, bilden das Gerippe eines Landesbeobachtungsnetzes, werden jedoch noch fast alle nebenamtlich verwaltet. Zu ihnen gesellen sich dann Stationen mit Einzelaufgaben, wie Regenmeß- und Gewitterbeobachtungsstationen, in größerer Anzahl. Die Beaufsichtigung der Stationen, die Sammlung der Beobachtungen und ihre Verarbeitung zu wissenschaftlichen und praktischen Zwecken geschieht durch meteorologische Landeszentralanstalten, für den besonderen Zweck der Wettervorhersage arbeiten neben diesen noch sog. Wetterdienststellen.

2. Terminbeobachtungen und andere. Um Einheitlichkeit und Vergleichbarkeit der Beobachtungen zu erzielen, hat man bestimmte Beobachtungstermine, gewöhnlich drei am Tage, eingeführt, zu denen die Ablesungen der Instrumente vorgenommen und auch die Beobachtungen ohne Instrumente ausgeführt werden sollen. Die Beobachtungen werden zunächst in Tagebüchern notiert und dann gewöhnlich in übersichtlichen Monatstabellen zusammengestellt, welche leicht Auszählungen und Mittelwertbildungen gestatten. Während nun früher, als man fast rein für klimatologische Zwecke arbeitete, die Terminbeobachtungen wohl genügten, bedarf die neuere Witterungskunde ständiger Beobachtungen auch zwischen den Terminen und genauer Zeitangaben über alle auffallende Witterungserscheinungen. Viele Naturfreunde, welchen die ständige Verfolgung des Wetters möglich ist, könnten deshalb auch ohne jedes Instrumentarium, lediglich mit einer Uhr, einem Bleistift und Notizbuch ausgerüstet, der Wissenschaft wertvolle Dienste leisten, wenn sie *dauernd* ihre Wahrnehmungen fleißig aufschreiben und einer meteorologischen Landesanstalt einsenden würden.

Zu den Beobachtungen ohne Instrumente gehören außer den Zeitangaben für Niederschläge, Gewitter, Böen und Bewöl-

Ausführung und Sammlung der Beobachtungen 53

kungsänderungen solche über Wolkenformen, Zugrichtung der Wolken, Sichtigkeit der Luft und optische Erscheinungen, um nur die wichtigsten zu nennen. Ohne Instrumente wird übrigens an den meisten festen Stationen auch die Windgeschwindigkeit bestimmt, da ein geübter Beobachter meist keine Schwierigkeiten hat, die Windstärke nach folgender Skala mit ausreichender Sicherheit zu schätzen.

BEAUFORT-SKALA DER WINDSTÄRKE

0 = vollkommene Windstille;
1 = leiser Zug, Rauch steigt noch fast gerade empor (1—2 m/s);
2 = leichter Wind, bewegt zeitweilig Blätter von Bäumen (2 bis 4 m/s);
3 = schwacher Wind, setzt Blätter in ziemlich ununterbrochene Bewegung, kräuselt Oberfläche stehender Gewässer (4 bis 6 m/s);
4 = mäßiger Wind, bewegt unbelaubte schwächere Baumäste (6—8 m/s);
5 = frischer Wind, bewegt unbelaubte größere Äste, wirft auf stehenden Gewässern Wellen (8—10 m/s);
6 = starker Wind, wird an Häusern hörbar, bewegt schwächere Bäume (10—12 m/s);
7 = steifer Wind, bewegt unbelaubte Bäume mittlerer Stärke, Wellen stehender Gewässer zeigen Schaumköpfe (12 bis 14 m/s);
8 = stürmischer Wind, bewegt stärkere Bäume, bricht Zweige ab, ein gegen den Wind schreitender Mensch wird aufgehalten (14—17 m/s);
9 = Sturm, unbelaubte größere Äste werden abgebrochen, Dächer werden beschädigt (17—20 m/s);
10 = voller Sturm, Bäume werden umgeworfen (20—24 m/s);
11 = schwerer Sturm, zerstörende Wirkungen schwerer Art (24 bis 30 m/s);
12 = Orkan, verwüstende Wirkungen (mehr als 30 m/s).

3. Meteorologische Zusammenarbeit. Für viele Untersuchungen reichen die Beobachtungen nur eines Landes nicht aus; man muß, um zum richtigen Verständnis der Erscheinungen zu kommen, über die Landesgrenze hinausgehen und die Beobachtungen anderer Länder hinzunehmen. Aus diesem Grunde hat sich sehr bald nach der Einrichtung der staatlichen Beobachtungsnetze, die etwa um die Mitte des vorigen Jahrhunderts ihren Anfang nahmen, eine internationale Zusammenarbeit als dringend notwendig erwiesen. Man hat sich über gewisse Grundsätze in den Beobachtungsmethoden, über gleiche Symbole und ähnliches geeinigt, tauscht die Beobachtungsresultate in gedruckten Jahrbüchern untereinander aus und hat namentlich für den Wettervorhersagedienst großzügige und gutarbeitende Organisationen für telegraphische und funktelegraphische Verbreitung der Beobachtungen geschaffen. So ist es beispielsweise heute unter Zuhilfenahme von Schiffsbeobachtungen vom Ozean möglich, tägliche Wetterkarten über fast die ganze Nordhalbkugel zu entwerfen. Für die Zukunft ist anzustreben, Beobachtungsstationen auch in unbewohnten Gegenden der Erde zu errichten und melden zu lassen, um die Lücken im Gesamtbild zu schließen.

LITERATURVERZEICHNIS

Hann-Süring: Lehrbuch der Meteorologie, Verl. Tauchnitz, Leipzig, 4. Aufl., 1926. Das führende und zugleich umfassendste Lehrbuch, durch Quellenangaben in reichstem Maße ausgezeichnet. — Defant-Obst: Lufthülle und Klima. Verl. Deuticke, Leipzig und Wien 1923. Kurze Darstellung auf Grundlage der neuesten Anschauungen. — Wegener, Alfred: Thermodynamik der Atmosphäre. Verl. Ambrosius Barth, Leipzig, 2. Aufl., 1924. Vermittelt namentlich Forschungsergebnisse über die Kondensationserscheinungen in der Atmosphäre. — Exner: Dynamische Meteorologie. Verl. Jul. Springer, Wien, 2. Aufl., 1925. Theoretisch und mathematisch gehalten. — Hann: Handbuch der Klimatologie. Verl. Engelhorn, Stuttgart, 1908, 3 Bände. Sehr ausführliches Werk, wie das Lehrbuch der Meteorologie des gleichen Verf. mit besonders zahlreichen Literaturhinweisen versehen. — Klima-Atlas von Deutschland, bearb. im Preuß. Met. Institut. Verl. Dietr. Reimer, Berlin 1921. Erstes einheitlich durchgearbeitetes Karten- und Tabellenwerk für das ganze Reich. — Defant: Wetter und Wettervorhersage. Verl. Deuticke, Leipzig und Wien, 2. Aufl., 1926. Einführende Gesamtdarstellung. — Georgii: Wettervorhersage. Verl. Steinkopff, Dresden und Leipzig 1924. Zusammenstellung der neueren Arbeiten auf diesem Gebiete. — Anleitung zur Anstellung und Berechnung der Beobachtungen an den deutschen meteorologischen Stationen, herausgegeben vom Preuß. Met. Institut. Verl. Behrend & Co., Berlin 1924, 2 Teile. Erster Teil enthält Beobachtungen an gewöhnlichen meteorologischen Stationen, zweiter Teil Registrierinstrumente und besondere Beobachtungen. — Meteorologische Zeitschrift. Verl. Vieweg & Sohn, Braunschweig. Das führende Fachorgan. Mitglieder d. deutschen Meteorologischen Gesellschaft erhalten die Met. Ztschr. allmonatlich zum Vorzugspreis. — Das Wetter, Monatsschrift für Witterungskunde. Verl. O. Salle, Berlin. Populäre Zeitschrift.

Unser Wetter. Eine Einführung in die Klimatologie Deutschlands an der Hand von Wetterkarten. Von Dr. *R. Hennig*, Berlin. 2. Aufl. Mit 48 Abb. im Text. [118 S.] 8. 1919. (ANuG Bd. 349.) Geb. $\mathcal{RM}$ 2.—

Gibt in fesselnder Darstellung eine Schilderung unseres deutschen Klimas, seiner Bedingungen und Ursachen im Laufe eines Jahres und vermittelt dem Leser an Hand zahlreicher Beispiele das Verständnis der für die Voraussage der kommenden Witterung so wichtigen Wetterkarten.

Einführung in die Wetterkunde. Von Dr. *L. Weber*, weil. Prof. an der Universität in Kiel. 3. Aufl. Mit 28 Abb. im Text u. 3 Taf. [IV u. 122 S.] 1918. (ANuG Bd. 55.) Geb. $\mathcal{RM}$ 2.—

Ein Überblick über die geschichtlichen, instrumentellen und methodischen Grundlagen der Meteorologie u. ihre Bedeutung im Gesamtgebiet unseres Wissens u. im praktischen Leben.

Aus dem Luftmeer. Meteorologische Betrachtungen für mittlere u. reife Schüler. Von *M. Sassenfeld*, Studienr. am staatl. Gymn. in Emmerich a. Rh. Mit 40 Abb. [IV u. 183 S.] 8. 1912. (Teubn. naturw. Bibl. Bd. 17.) Geb. $\mathcal{RM}$ 2.80

Astronomisches Weltbild im Wandel der Zeit. Von Dr. *S. Oppenheim*, Professor a. d. Univ. Wien. I. Teil: Vom Altertum bis zur Neuzeit. 3. Aufl. Mit 18 Abb. i. T. [114 S.] 8. 1920. II. Teil: Moderne Astronomie. 2. Aufl. Mit 9 Fig. i. T. und 1 Tafel. 130 S.] 8. 1920. (ANuG Bd. 444/45.) Geb. je $\mathcal{RM}$ 2.—

Im ersten Teile wird die Entwicklung der Vorstellungen über das astronomische Weltbild von den Anfängen astronomischer Forschung bis zur modernen Zeit dargestellt, im zweiten werden die mehr mathematischen Probleme der Astronomie (Bewegung der Planeten, Monde und Kometen, Bestimmung der Gestalt der Himmelskörper, Verteilung und Bewegung der Fixsterne) erörtert

Der Bau des Weltalls. Von Dr. *J. Scheiner*, weil. Prof. am astrophysikal. Observatorium Potsdam. 5. Aufl. bearb. v. Prof Dr. *P. Guthnick*, Observator d. Sternwarte Berlin-Neubabelsberg. Mit 28 Fig. im Text. [120 S.] 8. 1920. (ANuG Bd. 24.) Geb. $\mathcal{RM}$ 2.—

Das Buch gibt ein anschauliches Bild des Weltalls und führt den Leser in das an Mannigfaltigkeit der Formen und räumlicher Ausdehnung ungeheure System der Fixsterne als der Gesamtheit der unseren Sinnen zugänglichen Welt ein.

Astronomie in ihrer Bedeutung für das praktische Leben. Von Dr. *A. Marcuse*, Prof. a. d. Univ. Berlin. 2. Aufl. Mit 26 Abb. im Text. [109 S.] 8. 1919. (ANuG Bd. 378.) Geb. $\mathcal{RM}$ 2.—

Beobachtung des Himmels mit einfachen Instrumenten. Von *Rusch*, Studienrat am Gymnasium in Dillenburg. 2 Aufl. Mit 6 Abb. [u. 51 S.] 8. 1919. (Math.-Phys. Bibl. Bd. 14.) Kart. $\mathcal{RM}$ 1.20

Das Bändchen gibt nach einer Besprechung von Fernrohr, Prismenglas und photographischem Apparat, ihrer Fehler und ihrer Bedeutung für die astronomische Forschung eine Anleitung zu erfolgreichem, wissenschaftlichem Beobachten von Fixsternen, Sonne, Planeten und Mond.

Grundriß der Astrophysik. Eine allgemein-verständliche Einführung in den Stand unserer Kenntnisse über die physische Beschaffenheit der Himmelskörper. Von Prof. Dr. *K. Graff*, Observator der Hamburger Sternwarte in Bergedorf. Mit zahlr. Taf. u. Textabb. [U. d. Pr. 1927.]

Dem großen Kreise der gebildeten, sich mit der Himmelskunde ernsthaft beschäftigenden Laien wird hier ein sicherer Führer durch die neuzeitlichen astrophysikalischen Forschungsverfahren und deren Ergebnisse geboten. Da bei aller Einfachheit der Darstellung die wissenschaftlichen Gesichtspunkte klar herausgearbeitet sind, wird das Buch auch dem Physiker, Geologen, Meteorologen und besonders dem Studierenden der Astronomie von Nutzen sein.

Verlag von B. G. Teubner in Leipzig und Berlin

Einführung in die Himmelsmechanik. Von Dr. F. R. Moulton, Ph. D., Prof. a. d. Univers. Chicago. 2., durchgesehene Auflage. Autor. deutsche Ausgabe von Dr. W. Fender, Berlin. [Erscheint Mai 1927.]

Das Moultonsche Werk bietet eine leichtverständliche, ausgedehnte Orientierung über das ganze Gebiet der Himmelsmechanik. Der Zweck des Buches machte eine Einführung in das Dreikörperproblem erforderlich. Der Theorie der absoluten Störungen wird ein hervorragender Platz eingeräumt. Ein Kapitel enthält geometrische Betrachtungen über Störungen. Die Grundprinzipien der analytischen Methoden sowie Methoden von Laplace und Gauß werden mit großer Vollständigkeit erörtert.

Die Planeten. Von Dr. *B. Peter,* weil. Prof. a. d. Univ. Leipzig. 2. Aufl. durchges. von Dr. *H. Naumann,* Observator a. d. Univ.-Sternwarte zu Leipzig. Mit 16 Fig. im Text. [125 S.] 8. 1920. (ANuG Bd. 240.) Geb. $\mathcal{RM}$ 2.–

Behandelt nach den neuesten Forschungen an der Hand interessanter Abbildungen die einzelnen Körper des Planetensystems, ihre Erscheinungen für das unbewaffnete und bewaffnete Auge, ihre Bahnen, ihre physikalischen Eigenschaften sowie die sie begleitenden Trabanten.

Theorie der Planetenbewegung. Von Dr. *P. Meth,* Studienrat am Städt. Realgymnasium in Charlottenburg. 2., umgearb. Aufl. Mit 14 Fig. [IV u. 54 S.] kl. 8. 1921. (Math.-Phys. Bibl. Bd. 8.) Kart. $\mathcal{RM}$ 1.20

Das Bändchen bietet unter Anwendung eines vereinfachten und anschaulicheren geometrischen Verfahrens in der Neuauflage denen, die sich für Astronomie interessieren und sich speziell mit den Problemen der Planetenbewegung beschäftigen, das notwendige mathematische Rüstzeug dazu dar.

Nautik. Von Dr. *J. Möller,* Direktor d. Navigationsschule in Elsfleth. 2. Aufl. Mit 64 Fig. i. T. u. 1 Seekarte. [116 S.] 8. 1919. (ANuG Bd. 255.) Geb. $\mathcal{RM}$ 2.–

Mathematische Himmelskunde. Von Prof. Dr. *O. Knopf,* Direktor der Univ.-Sternwarte zu Jena. Mit 30 Fig. i. T. [48 S.] kl. 8. 1925. (Math.-Phys. Bibl. Bd. 63.) Kart. $\mathcal{RM}$ 1.20

Das Bändchen gibt eine knappe, für die Allgemeinheit und insbesondere den Schüler bestimmte und durch Abbildungen veranschaulichte Darstellung der Erscheinungen des Sternhimmels und der für seine Beobachtung zu berücksichtigenden zeitlichen und örtlichen Umstände, ferner der durch die scheinbare Bewegung des Himmelsgewölbes und der Sonne ermöglichten Zeiteinteilung, als schließlich auch der wichtigsten Probleme und Resultate der Himmelsmechanik.

Sphärische Trigonometrie zum Selbstunterricht. Von weil. Geh. Studienrat Prof. *P. Crantz.* Mit 27 Fig. im Text. [98 S.] 1920. (ANuG Bd. 605.) Geb. $\mathcal{RM}$ 2.–

Behandelt als Ergänzung zur „Ebenen Trigonometrie" die besonderen Eigenschaften des sphärischen Dreiecks und seine Anwendungen in der Erd- und Himmelskunde an zahlreichen ausführlich erklärten Beispielen und Aufgaben.

Sphärische Trigonometrie, Kugelgeometrie in konstruktiver Behandlung. Von *L. Balser,* Oberstudienrat a. d. Liebig-Oberrealschule Darmstadt. Mit 22 Fig. [52 S.] kl. 8. 1927. (Math.-Phys. Bibl. Bd. 69.) Kart. $\mathcal{RM}$ 1.20

An dem sehr glücklich gewählten Beispiel der Kugel als Erd- und Himmelskugel wird der Leser in die verschiedenen Verfahren der darstellenden Geometrie planmäßig eingeführt und so auf zeichnerischem Wege zu den Grundformeln der sphärischen Trigonometrie hingeleitet, die auf wichtige praktische Aufgaben angewandt werden. Den Schluß bildet die Polarecke mit Anwendungen.

Himmelsglobus aus Modelliernetzen. Die Sterne durchzustechen und von innen heraus zu betrachten. Von Hofrat Dr. *A. Höfler,* weil. Prof. an der Universität Wien. 2. Aufl. In Mappe $\mathcal{RM}$ 3.–

Verlag von B. G. Teubner in Leipzig und Berlin

Mathematisch-Physikalische Bibliothek

Fortsetzung der 2. Umschlagseite

Darstellende Geometrie des Geländes und verwandte Anwendungen der Methode der kotierten Projektionen. Von R. Rothe. 2., verb. Aufl. (Bd. 35/36.)

Karte und Kroki. Von H. Wolff. (Bd. 27.)

Konstruktionen in begrenzter Ebene. Von P. Zühlke. (Bd. 11.)

Einführung in die projektive Geometrie. Von M. Zacharias. 2. Aufl. (Bd. 6.)

Funktionen, Schaubilder, Funktionstafeln. Von A. Witting. (Bd. 48.)

Einführung in die Nomographie. Von P. Luckey. 2. Aufl. I. Die Funktionsleiter. (Bd. 28.) II. Praktische Anleitung zum Entwerfen graphischer Rechentafeln. (Bd. 59, 60.)

Theorie und Praxis des logarithmischen Rechenstabes. Von A. Rohrberg. 3. Aufl. (Bd. 23.)

Mathematische Instrumente. Von W. Zabel. I. Hilfsmittel und Instrumente zum Rechnen. II. Hilfsmittel und Instrumente zum Zeichnen. [U. d. Pr. 1927.]

Die Anfertigung mathematischer Modelle. (Für Schüler mittlerer Klassen.) Von K. Giebel. 2. Aufl. (Bd. 16.)

Mathematik und Logik. Von H. Behmann. (Bd. 71.)

Mathematik und Biologie. Von M. Schips. (Bd. 42.)

Die mathematischen Grundlagen der Variations- und Vererbungslehre. Von P. Riebesell. (Band 24.)

Die mathematischen und physikalischen Grundlagen der Musik. Von J. Peters. (Bd. 55.)

Mathematik und Malerei. 2 Bände in 1 Band. Von G. Wolff. 2. Aufl. (Bd. 20/21.)

Elementarmathematik und Technik. Eine Sammlung elementarmathematischer Aufgaben mit Beziehungen zur Technik. Von R. Rothe. (Bd. 54.)

Finanz-Mathematik. (Zinseszinsen-, Anleihe- und Kursrechnung.) Von K. Herold. (Bd. 56.)

Die mathematischen Grundlagen der Lebensversicherung. Von H. Schütze. (Bd. 46.)

Riesen und Zwerge im Zahlenreiche. Von W. Lietzmann. 2. Aufl. (Bd. 25.)

Geheimnisse der Rechenkünstler. Von Ph. Maennchen. 3. Aufl. (Bd 13.)

Wo steckt der Fehler? Von W. Lietzmann und V. Trier. 3. Aufl. (Bd. 52.)

Trugschlüsse. Gesammelt von W. Lietzmann. 3. Aufl. (Bd. 53.)

Die Quadratur des Kreises. Von E. Beutel. 2. Aufl. (Bd. 12.)

Das Delische Problem (Die Verdoppelung des Würfels). Von A. Herrmann. (Bd. 68.)

Mathematiker-Anekdoten. Von W. Ahrens. 2. Aufl. (Bd. 18.)

Scherzaufgaben und Probleme. Von J. Preuß. [In Vorb. 1927.]

Die Fallgesetze. Von H. E. Timerding. 2. Aufl. (Bd. 5.)

Kreisel. Von M. Winkelmann. [In Vorb. 1927.]

Perpetuum mobile. Von F. Bartels. [In Vorb. 1927.]

Atom- und Quantentheorie. Von P. Kirchberger. I. Atomtheorie. II. Quantentheorie. (Bd. 44 u. 45.)

Ionentheorie. Von P. Bräuer. (Bd. 38.)

Das Relativitätsprinzip. Leichtfaßlich entwickelt von A. Angersbach. (Bd. 39.)

Drahtlose Telegraphie und Telephonie in ihren physikalischen Grundlagen. Von W. Ilberg. (Bd. 62.)

Optik. Von E. Günther. [In Vorb. 1927.]

Dreht sich die Erde? Von W. Brunner. 2. Aufl. [U. d. Pr. 1927.] (Bd. 17.)

Die Grundlagen unserer Zeitrechnung. Von A. Barneck. (Bd. 29.)

Mathematische Himmelskunde. Von O. Knopf. (Bd. 63.)

Mathem. Streifzüge durch die Geschichte der Astronomie. Von P. Kirchberger. (Bd. 40.)

Theorie der Planetenbewegung. Von P. Meth. 2., umgearb. Aufl. (Bd. 8.)

Beobachtung des Himmels mit einfachen Instrumenten. Von Fr. Rusch. 2. Aufl. (Bd. 14.)

Grundzüge der Meteorologie. Von W. König. (Bd. 70.)

Verlag von B. G. Teubner in Leipzig und Berlin

MIX
Papier aus verantwortungsvollen Quellen
Paper from responsible sources
FSC® C105338

If you have any concerns about our products,
you can contact us on
ProductSafety@springernature.com

In case Publisher is established outside the EU,
the EU authorized representative is:
**Springer Nature Customer Service Center GmbH
Europaplatz 3, 69115 Heidelberg, Germany**

Printed by Libri Plureos GmbH
in Hamburg, Germany